致密油体积压裂水平井缝网形成及流固全耦合产能模拟

任龙　苏玉亮◎著

中国石化出版社

图书在版编目(CIP)数据

致密油体积压裂水平井缝网形成及流固全耦合
产能模拟/任龙,苏玉亮著.
—北京:中国石化出版社,2019.3
ISBN 978-7-5114-5228-3

Ⅰ.①致… Ⅱ.①任… ②苏… Ⅲ.①密砂岩-
砂岩油气藏-压裂-水平井-油井产能-数值模拟
Ⅳ.①TE343

中国版本图书馆 CIP 数据核字(2019)第 035863 号

中国石化出版社出版发行
地址:北京市朝阳区吉市口路9号
邮编:100020 电话:(010)59964500
发行部电话:(010)59964526
http://www.sinopec-press.com
E-mail:press@sinopec.com
北京科信印刷有限公司印刷
全国各地新华书店经销
*
850×1168 毫米 32 开本 5.5 印张 204 千字
2019 年 3 月第 1 版 2019 年 3 月第 1 次印刷
定价:50.00 元

前　　言

　　我国的石油资源经过半个多世纪勘探开发，目前常规资源量越来越少，接替能源(非常规)资源量逐年增加。近年来，致密油已成为继页岩气之后全球非常规油气勘探开发的新热点，被称为非常规油气革命的"生力军"。据国土资源部新一轮油气资源评价显示，致密油占我国可采石油资源的40%。通过借鉴北美致密油成功经验和加大致密油勘探开发，近年来我国致密油勘探也取得明显成效，在鄂尔多斯、渤海湾、准噶尔、四川、松辽等大型含油气盆地多口致密油探井获工业油流，致密油有利勘探面积$(41\sim54)\times10^4\mathrm{km}^2$，地质资源量超过$200\times10^8\mathrm{t}$，丰富的致密油资源将成为我国油气资源战略接替和开发的重要领域。

　　作为全球非常规石油勘探的亮点领域，致密油是指夹在或紧邻优质生油层系的致密储层中，未经过大规模长距离运移而形成的石油聚集，具有储层物性差、微裂缝发育以及油水关系复杂等特点，需要通过非常规勘探开发技术(如体积压裂)才能实现规模经济开采。我国西部鄂尔多斯盆地陆相致密储层由于脆性较强，天然裂缝普遍发育，且存在应力敏感现象，易造成压裂改造缝失效。致密储层中伴生的天然裂缝和体积压裂产生的人工网络裂缝共同构成了极为复杂的多重孔隙介质网络系统，而各系统在储层中具有不同的受力情况及内部流体渗流规律，共同影响着油井的开发效果，必须综合考虑流体在多重孔隙介质中的流动及其对介质本身的形变造成的影响，即开发过程中渗流场和应力场之间的相互耦合作用。因此，建立一套致密油体积压裂水平井缝网扩展、表征和多重介质流固全耦合产能预测的系统理论方法对致密油规模经济开采具有重要指导意义。

笔者所在的科研团队在国家重点基础研究计划（973 计划）、国家重大专项和国家自然科学基金等多个课题研究的基础上，在非常规油气体积压裂裂缝扩展、表征及流动模拟方法方面开展了深入研究，并取得了一系列有价值的科研成果。为详细介绍致密油体积压裂水平井缝网形成及流固全耦合产能模拟技术，本书分为五章。第一章总结分析致密油藏水平井体积压裂技术作用机理、缝网扩展规律、水平井渗流规律及流固耦合数值模拟四个方面的国内外研究现状。第二章利用改进的位移不连续方法、力学机理分析和起裂与扩展准则，建立致密油藏体积压裂裂缝扩展理论模型，分析地应力场、裂缝扩展模式和分支缝扩展角度及压力的变化规律，揭示单一裂缝扩展的力学机理。第三章针对体积压裂多裂缝扩展过程中存在应力干扰等问题，提出缝内流体分布数学模型，模拟致密油藏水平井体积压裂缝网形成过程，分析致密储层地质因素及体积压裂施工参数对缝网形成的影响，并进行缝网结构描述及参数表征。第四章针对致密油藏水平井体积压裂存在不同缝网改造模式的特点，建立致密油藏体积压裂水平井不稳定渗流数学模型，指出双孔双渗与双孔单渗模型流动形态的差异，揭示体积压裂水平井不稳定压力及产能特征。第五章通过分析致密储层多重孔隙介质流–固耦合作用机理，建立考虑复杂缝网多重孔隙介质特征的流–固耦合变形及渗流数学模型，模拟体积压裂水平井生产过程，分析致密储层岩石应力–应变、物性参数的变化规律，以及致密油藏体积压裂水平井产能特征及影响因素。

本书由笔者与其博士导师——中国石油大学（华东）苏玉亮教授共同完成，笔者负责章节设计与稿件撰写（完成字数 204 千字），苏玉亮教授对本书的整体框架及内容编排提出了宝贵的指导意见。此外，中国石油大学（华东）的郝永卯老师、王文东老师以及詹世远博士等也对本书的编写做出贡献，在此对他们的无私付出表示诚挚的谢意。

本书获西安石油大学优秀学术著作出版基金资助，此外还得到国家自然科学基金青年基金（No. 51704235）、国家自然科学基金（No. 51674279）和国家重点基础研究发展计划 973 项目（No. 2014CB239103）的资助，在此一并表示感谢。

由于笔者水平有限，书中难免存在不足之处，敬请读者批评指正。

目 录

第1章 概　述

1.1　致密油储层特征及开发历程

1.1.1　致密油定义与内涵

"致密油"(tight oil)一词的提出最早出现在20世纪40年代的美国石油地质家学会会刊(AAPG Bulletin)杂志上，用于描述含油的致密砂岩，作为一个专门术语，代表一类非常规油气资源。随着人们认识的不断深入，这一概念在不断地修改、完善着。2011年9月，美国国家石油委员会(NPC)在其发布的北美地区油气资源评价中将致密油表述为：一般来说，致密油蕴藏在那些埋藏很深、不易开采的沉积岩层中，这些岩层具有极低的渗透率；加拿大非常规资源协会(CSUR)把在已发现常规油田周边的含油区因为储层致密而未纳入常规油田产区的区域归属于致密油范畴，称之为"haloplay"(边缘区带)，在这些边缘区带，石油通过应用水平井、水压裂等新技术得以开采；美国能源信息署(EIA)在《年度能源展望2012》报告中对致密油的定义是：利用水平钻井和多段水力压裂技术从页岩或其他低渗透性储层中开采出的石油；加拿大自然资源理事会(NRC)指出，轻质致密油(light tight oil)是在渗透率很低的沉积岩储层中发现的石油，石油从岩石流向井筒过程中受到非常致密的细粒岩石阻碍，需要借助包括水平井钻井和水力压裂的增产技术；德国联邦地球科学与自然资源研究所(BGR)对于致密油的定义是：致密的泥页岩中产出的石油，储层的孔隙度极低，也叫做"shale oil"或者"light tight oil"。目前，国外以美国和加拿大为主的政府机构认可将致密油定义为：只能依靠水平井和多级压裂等先进的钻完井技术才能实现经济开发的低渗透储层中的正常石油。

我国学者专家也对致密油提出了界定。贾承造等（2012）认为致密油是指以吸附或游离状态赋存于生油岩中，或与生油岩互层、紧邻的致密砂岩、致密碳酸盐岩等储集岩中，未经过大规模长距离运移的石油聚集；邹才能等（2013）认为致密油是指与生油岩层系共生、在各类致密储集层聚集的石油，油气经过短距离运移，储集层岩性主要包括致密砂岩和致密灰岩，覆压基质渗透率小于或等于 $0.1 \times 10^{-3} \mu m^2$（储层地面空气渗透率小于 $1 \times 10^{-3} \mu m^2$）；杨华等（2013）考虑到鄂尔多斯盆地石油勘探开发实际，将储集层地面空气渗透率小于 $1 \times 10^{-3} \mu m^2$（覆压基质渗透率小于 $0.1 \times 10^{-3} \mu m^2$）称为非常规油气，其中渗透率为 $(0.3 \sim 1) \times 10^{-3} \mu m^2$ 的为超低渗透油藏，将地面空气渗透率小于 $0.3 \times 10^{-3} \mu m^2$，赋存于油页岩及其互层共生的致密砂岩储层中，石油未经过大规模长距离运移的石油称为致密油，包括砂岩致密油和页岩油 2 大类；杜金虎等（2014）认为致密油是指夹在或紧邻优质生油层系的致密碎屑岩或者碳酸盐岩储层中，未经大规模长距离运移而形成的石油聚集，一般无自然产能，需通过大规模压裂技术才能形成工业产能。

关于致密油的定义，尽管目前还没有一致认可的严格定义或统一的标准，不同研究机构和学者对致密油的定义也有差异，但对致密油的内涵形成了一些共识，即致密油主要是指夹在或紧邻优质生油层系的致密碎屑岩或碳酸盐岩储层中，由源岩排出，未经过大规模长距离运移而形成的石油聚集，一般无自然产能，需借助水平井技术和大规模压裂增产技术才能形成工业产能的原油；致密储层的物性界限确定为地面空气渗透率小于 $1 \times 10^{-3} \mu m^2$、地下覆压基质渗透率小于 $0.1 \times 10^{-3} \mu m^2$ 左右。

1.1.2　致密油地质特征

邹才能等通过解剖国内外致密油实例，归纳出以下 8 个地质特征：

（1）致密碳酸盐岩、致密砂岩为 2 类主要储集层。储集层物性差，基质渗透率低，空气渗透率多小于或等于 $1 \times 10^{-3} \mu m^2$，孔隙度小于或等于 12%，受有利沉积相带控制。

（2）富油气凹陷内致密油源储共生。圈闭界限不明显，优质生油岩区致密油大面积连续分布，一般 TOC 大于或等于 2%。

（3）油气以短距离运移为主。持续充注，非浮力聚集，油层压力系数变化大、油质轻；一般生油岩成熟区（$0.6\% \leqslant R_o \leqslant 1.3\%$）气油比高，初期易高产。

（4）发育微纳米级孔喉系统。孔喉半径小，主体直径 40~900nm，孔隙结构复杂，喉道小，致密砂岩油储集层泥质含量高，水敏、酸敏、速敏严重，因而开采过程易受伤害，损失产量可达 30%~50%。

（5）致密油层非均质性严重。由于沉积环境不稳定，致密砂层厚度和层间渗透率变化大，有的砂岩泥质含量高，地层水电阻率低，油水层评价困难较大。由于孔喉结构复杂，吼道小，毛细管压力高，原始含水饱和度较高（一般 30%~40%，个别达 60%），原油密度多小于 $0.825g/cm^3$。

（6）发育天然裂缝系统。岩石坚硬致密，但存在不同程度裂缝，一般受区域性地应力控制，具有一定方向性，对油田开发效果影响较大，裂缝既是油气聚集的通道，也是注水窜流的条件，且人工裂缝多与天然裂缝方向一致。

（7）发育原生致密油和次生致密油。原生致密油主要受沉积作用影响，一般沉积物粒度细，泥质含量高，分选差，以原生孔为主，大多埋深较浅，未经历强烈的成岩作用改造，岩石脆性低，裂缝不发育，孔隙度较高，而渗透率较低，多数为中高孔低渗型。次生致密油一般受多种成岩作用改造，储集层原属常规储集层，但由于压实、胶结等成岩作用，大大降低了孔隙度和渗透率，原生孔隙残留较少，形成致密储集层。

（8）单井产量一般较低。油层受岩性控制，水动力联系差，边底水驱动不明显，自然能量补给差，产量递减快、生产周期长，稳产靠井间接替，多数靠弹性和溶解气驱采油，油层产能递减快，一次采收率低（8%~12%），采用注水、注气保持能量后，或重复压裂，二次采收率可提高到25%~30%。

1.1.3 致密油开发历程

作为全球致密油勘探开发最成功的国家，美国的致密油开发经历了三个阶段：

（1）第一阶段（2005~2010年）：页岩气资源的成功开发为发展致密油奠定了扎实的理论与技术基础。从1821年钻探第一口页岩气井开始，美国石油界对页岩气资源的研究持续深入，随着水平井钻井及分段压裂、同步压裂、重复压裂技术日渐成熟并被大规模应用，2005年之后页岩气资源在美国天然气产量和能源供给中占据重要地位。同时，页岩气资源开发过程中积累的地学理论认识、水平井钻井及各类压裂技术、非常规油气资源运营管理的成功经验，都为致密油的发展奠定了扎实的基础。

（2）第二阶段（2011~2013年）：低气价促使石油企业从页岩气转向致密油勘探开发领域。由于市场供需不平衡和出口管制等因素，2011年美国国内页岩气资源生产企业的利润降至低谷。与此同时，页岩气资源相关勘探开发技术在巴肯（Bakken）致密油区成功实现"技术转移"，美国非常规油气资源发展进入"致密油时代"，大量石油企业从页岩气转向致密油勘探开发领域。

（3）第三阶段（2014年~）：技术进步使致密油开发向"利基区带"转移。所谓"利基区带"，是指存在致密油资源禀赋，但储量规模相对较小且开发技术存在一定难度的页岩区带、部分成熟油田中的致密储层及其剩余油等。这些区带不被大型石油公司所重视，且在先前技术水平下往往被评价为"不经济"。一些作业公司采用水平井钻井和水力压裂技术、井工厂布局及各种勘探开发的技术合理配置开发这类致密储层，促使美国致密油的储量认识和产量水平取得重大突破。

美国的致密油开发技术是以水平井技术与多段改造工艺技术的发展成熟为前提的。但水平段的增加和压裂段数的增加，无疑会增加总的施工成本，而"工厂化"作业的实施很好地解决了这些问题，即采用批量钻井、批量开发，开展钻井液及压裂液的综合利用，降低成本的同时也促进了致密油的高效开发。在掌握致密油开发核心技术的保障下，2014 年美国致密油的平均日产量达到 $50×10^4$t，占其石油总产量的 11%；2017 年致密油产量占美国石油产量的 54%；根据美国能源信息署在年度能源展望（AEO 2018）预测，美国致密油产量将在本世纪 40 年代初增加，将超过 $820×10^4$bbl/d，届时占美国总产量的近 70%，表明致密油仍然是未来美国原油生产的主要来源。

我国早在 1907 年就在鄂尔多斯盆地上三叠统延长组发现了低渗透油藏，但直到 2010 年前后，受美国致密油规模开采的启发，才开始重视致密油的勘探开发。虽然致密油勘探开发起步相对较晚，但初步的勘探实践与研究已经证明：中国致密油分布范围广、类型多，发育与湖相生油岩共生或接触、大面积分布的致密砂岩油或致密碳酸盐岩油，具有广阔的资源勘探前景。通过借鉴北美致密油成功经验和加大致密油勘探开发，我国致密油勘探也取得明显成效，在鄂尔多斯盆地长 7 段、松辽盆地扶余油层、渤海湾盆地沙河街组与孔店组、准噶尔盆地芦草沟组等多套层系的致密油探井均获工业油流，致密油有利勘探面积$(41~54)×$ 10^4km^2，地质资源量超过 $200×10^8$t。据国土资源部新一轮油气资源评价显示，致密油占我国可采石油资源的 40%。2015 年长庆油田以提交 $1×10^8$t 致密油探明地质储量为标志，在陕北姬塬地

5

区发现了中国第一个亿吨级大型致密油田——新安边油田；之后相继在鄂尔多斯盆地和准噶尔盆地等发现 $5×10^8 t$ 级至 $10×10^8 t$ 级储量规模区。我国致密储层由于品位低、物性差、地层能量低、油水分布复杂，导致单井产量低、经济效益差，需要经过大规模压裂改造后才能形成有效产能。近年来，我国长庆油田、大庆油田和吉林油田等结合盆地致密油储层实际，先后探索形成了致密油水平井优化布井技术、水平井钻完井技术、注水/注气吞吐补充能量开发技术、直井缝网压裂技术、以"大通径桥塞+快速可溶球+常规油管钻塞"为核心的高效水平井体积压裂技术等技术体系，逐步形成工厂化作业，先进的开采技术必将进一步推动致密油资源成为我国油气资源战略接替和开发的重要领域。

1.2 体积压裂技术起源、机理及应用

体积压裂理念的诞生得益于微地震监测技术的进步。Maxwell 和 Fisher（2002，2004）最早利用微地震监测技术，研究了 Barnett 页岩压裂过程中的裂缝形态及动态扩展，发现扩展呈复杂网状形态，并发现压裂规模越大，微地震波及面积越广，压裂增产效果越好。并认为对水平井进行体积压裂能够得到更大的改造规模，由此产生了增大非常规储层改造体积技术的雏形，这就是体积压裂技术的启蒙阶段。

Mayerhofer（2006，2008）首次应用改造油藏体积（Stimulated Reservoir Volume，SRV）的概念，提出了"什么是油藏改造体积"，用微地震成像资料统计分析了累产与不同改造体积的关系，以及裂缝参数对油井产量的影响，认为增加水平段长度、改造段数、增大施工液量及规模和多井同步等压裂方式能够增大油藏改造体积、提高单井产量。

国内，吴奇（2011）针对国外提出的油藏改造体积 SRV，完善了"体积改造"的基本定义及裂缝起裂与扩展新观念，并对其内涵与作用进行了相应的阐述，分析了体积改造技术增产主控因素，总结了储层体积改造技术的物质基础和实现条件，并且指出了该技术对我国非常规储层的适用性。

"体积压裂"是基于体积改造这一全新理论而提出的。所谓"体积压裂"，是指在水力压裂施工过程中，使天然裂缝不断扩张以及脆性岩石产生滑移/剪切，从而使人工裂缝与天然裂缝相互交错形成网络裂缝系统，增加储层有效改造体积。依据体积改造的定义，其形成的是复杂裂缝网络，裂缝的扩展与起裂并不是简单的张性破坏，而且可能还存在滑移、剪切和错断等复杂力学行为的综合体（图 1-1）。

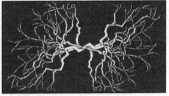

原始状态　　　滑移/剪切　　　结果

图 1-1　裂缝剪切/滑移机理示意图

体积压裂能够增产的作用机理是通过水力压裂实现对储层在长、宽、高三维方向上的全面改造，即在压裂过程中形成一条或多条主裂缝的同时，使天然裂缝不断扩张和脆性岩石产生剪切滑移，实现对天然裂缝和岩石层理的有效沟通，以及在主裂缝两侧诱导产生次生裂缝及其分支形成的二级次生裂缝，以此类推，形成多条主裂缝与次生裂缝系统相互交织的复杂裂缝网络，从而将储层打碎、扩大储层泄流面积及整体渗流能力，极大缩短了流体的有效渗流距离，提高油井产量和最终采收率。

致密储层在低压、低渗和低孔等特定条件下，成藏机理复杂、孔喉细微，储层基质内流体向裂缝供液能力差，常规压裂技术形成的单一裂缝增产效果不理想，需要通过大规模压裂才能形成工业产能。国外已将体积压裂技术成功应用于页岩储层和致密储层的开发，国内也成功实现了体积压裂技术对部分超低渗和致密储集层的改造。

长庆油田陇东区块致密储层体积改造技术试验和应用结果表明，体积压裂在储层中形成复杂缝网结构，增大了储层改造体积，实施体积压裂后，储层不仅初期产量大幅度增加，而且油井稳产期以及稳产油量都大幅增长。长庆油田从体积压裂理念出发，提出水平井"分段多簇"压裂思路，在国内外首次采用双级喷射器开展了水平井分段多簇压裂，一趟管柱可连续施工 4 段 8 簇，施工效率大幅提升，促进了致密储层水平井的有效开发。开发初期的 9 口试验井，最高实现了 10 段 20 簇的压裂施工规模，其中 3 口水平井压后自喷，试排日产纯油最高达 122.4t，已投产井与直井相比增产 3.2～4.8 倍，实现了致密油藏水平井开发的突破。截至 2015 年 5 月 25 日，长庆油田在试验区坚定"水平井+体积压裂"攻关理念，共完钻水平井 366 口，投产水平井 332 口，日产原油 2235t，盆地致密油累计建成产能突破 100×10^4t，年生产能力达到 70×10^4t。

总之，"体积压裂"理念的提出具有深远意义，以水平井技术和体积压裂改造技术为代表的增产理念，在美国 Bakken 和 Eagle Ford 等非常规储层得到了成功应用，我国需要结合国外先进技术发展理念，形成适合我国致密油储层体积压裂技术的发展道路。

1.3 压裂裂缝扩展规律模拟技术

缝网压裂技术是制约水平井在超低渗、致密储层应用的技术瓶颈，其关键技术在于：储层天然裂缝发育及应力分布状况；多裂缝组合地应力场计算问题以预测裂缝起裂及转向；水平段多段裂缝优化配置问题；水平井分段多簇射孔技术工艺及配套压裂施工工具；微地震实时监测技术以评估压后缝网形态。压裂后的裂缝形态主要取决于地应力方位与井筒轴线方位的相互关系，可形成横向、纵向或转向缝等多种形态(图 1-2)。

　　致密储层脆性较强、天然裂缝较发育、非均质严重，这些地质特征条件与压裂施工因素共同对水力压裂裂缝的扩展及最终形态起着关键作用。针对 Fisher(2005)、Daniels 和 Le Calvez(2007)等利用微地震监测统计资料的相关研究结果，国外研究学者常采用室内实验和数值模拟方法进行压裂裂缝扩展规律分析。

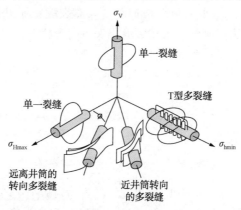

图 1-2　人工压裂产生的不同裂缝形态

　　在室内实验方面，Blanton(1986)认为单一水力裂缝与天然裂缝之间的干扰角度和水平主应力差是影响水力裂缝走向的主要因素；Watpinski(1987)认为水力裂缝与天然裂缝发生干扰时，天然裂缝容易发生剪切破坏，同时也讨论了流体滤失对应力场的影响；Renshaw(1995)和 Blair(1989)认为水力裂缝垂直于非连续体扩展时，流体首先会沿着界面渗透，当在界面上渗透一定距离之后，水力裂缝会突破界面沿着原方向扩展；Beugelsdijk(2000)

认为在构造应力场下，水力裂缝更易受天然裂缝干扰；Pater（2005）认为天然裂缝性储层中流体注入会直接进入天然裂缝或产生新的分支缝，研究了不同注入速率下人工裂缝延伸受天然裂缝的影响，并开展了相关数值模拟研究；Soliman（2010）从力学分析角度研究了水平井钻井和水力裂缝引起的地层应力场的变化，提出了两种使脆性页岩储层产生缝网结构的方法，并认为页岩层的非均质性、脆性以及压裂液的性质等对缝网结构的形成具有重要的影响。由于天然裂缝大部分是闭合的，并且与主应力方向呈一定角度；Olson（2012）通过室内试验研究了天然裂缝对水力裂缝扩展的影响。结果表明，与人工裂缝呈一定夹角的天然裂缝比垂直裂缝更易于使得压裂裂缝转向，其裂缝形态呈现三种模式（图1-3）：①水力裂缝被捕获，天然裂缝膨胀并扩展；②水力裂缝穿过天然裂缝，天然裂缝仍保持闭合状态；③水力裂缝穿过天然裂缝，且天然裂缝被激活发生延伸。

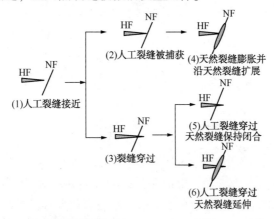

图1-3　人工裂缝 HF 延伸过程中与天然裂缝 NF 的沟通方式
NF—天然裂缝；HF—人工裂缝

　　数值模拟方法给模拟裂缝扩展带来了极大的便捷，常用的模型包括平面裂缝模型（Planar Fracture Model，PFM）和非常规裂缝扩展模型（Unconventional Fracture Model，UFM），前者包括线网模型(Wire-mesh Model)和等效裂缝模型,后者又包括复杂缝网模型(Complex Fracture Network Model, CFNM)、离散缝网模型(Discrete Fracture Network Model, DFNM)和内聚力模型(Cohesive Zone Model, CZM)。Zhang(2007)变形和渗流方程耦合求解提出了 PFM,但仅限于二维平面应变条件;Olson 和 Dahi-Taleghani(2008, 2009)利用扩展有限元方法建立了 CFNM,模拟了天然裂缝性油藏条件下水力裂缝的扩展过程,之后,Weng(2011)和 Kresse(2013)对该模型进行了改进,但模型中也存在一些不确定性因素难以考虑,比如天然裂缝分布及其与水力裂缝相互作用机理;为了减少不确定性因素的影响,Rogers(2010)和 Nagel(2011, 2014)基于离散元模型提出了 DFNM,建立了考虑水平井多段全液压-力学耦合方式的离散单元数值模型,分析了原地应力场的变化对多段井水力裂缝和天然裂缝扩展过程中相互作用的力学机理,认为改进的拉链式压裂方式有利于增产,其主要影响因素包括:原始孔隙压力、原地应力、天然裂缝力学属性及分布特征;Guo(2015)将渗流与变形场耦合内聚力单元嵌入到连续介质有限元单元之间,从而建立了裂缝扩展的 CZM,该模型无需引入裂缝延伸与破裂准则,模拟了水力裂缝与天然裂缝之间的相互作用及最终扩展形态,分析了地层应力差及水力裂缝与天然裂缝接触角对裂缝扩展形态的影响规律,认为较小的接触角和应力差更易使天然裂缝起裂与扩展。

国内方面,杨丽娜(2003)采用复变函数和位错理论,对裂缝间的相互干扰进行了力学分析;周健(2007, 2008)采用大尺寸真三轴实验装置,研究了天然裂缝与水力裂缝干扰后影响水力裂缝走向的微观和宏观因素,提出了天然裂缝破坏准则,分析了不同地应力状态下裂缝的形态,揭示了裂缝性油气藏水力裂缝与天然裂缝的干扰机理;陈勉(2008)认为不同应力差条件下,裂缝扩展分为主缝多分支缝和径向网状扩展两种形式;同年,金衍认为岩性突变体会阻碍水力裂缝在缝长方向的扩展,并改变水力裂缝的扩展方向, 从而影响压裂效果, 突变体法向应力对裂缝形态起决定作用; 姚飞(2008)采用室内大型实验装置模拟了天然裂缝随机分布情况下的压裂过程, 认为水力裂缝在裂缝性储层中的延伸具有一定的随机性; 雷群(2009)首次提出了"缝网压裂"技术的概念, 其核心思想是利用储层最大、最小水平主应力差与裂缝延伸净压力的关系实现远井地带的"缝网"压裂效果, 增加储层基质孔隙流体向裂缝供液能力, 提高压裂增产改造效果。认为当缝内净压力大于水平应力差与岩石抗张强度之和时, 易产生分支缝, 且分叉缝会在距离主缝延伸一定长度后又恢复到原来的裂缝方位, 最终形成以主裂缝为主干的纵横"网状缝"系统(图1-4)。

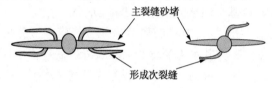

主裂缝砂堵

形成次裂缝

图1-4 缝网系统形成示意图

纪宏博(2011)针对北美地区采用的水平井技术和储层改造技术对页岩储层的成功开发经验, 分析总结了压裂裂缝起裂扩展机理和地层非均质性对压后裂缝形态的影响规律, 认为压裂过程中由主裂缝和二级裂缝构成的有效裂缝网络的产生必须要考虑多裂缝间应力干扰现象, 合理的压裂射孔段或者段间距够增大缝网形成机率; 程远方(2013, 2014)在分析页岩储层体积压裂特点的基础上, 对离散化缝网模型(Discrete Fracture Network, DFN)及线网模型(Wire-mesh Model, HFN)两种主要体积压裂缝网模型的假设、数学方程及参数优化方法进行了比较分析, 并结合美国Marcellus页岩区块参数对页岩储层压裂方案进行了优选; 时贤、赵金洲(2014)和潘林华(2015)等进行了储层存在天然裂缝情况下的体积压裂复杂裂缝网络数值模拟研究, 并与微地震监测数据进行了对比验证, 分析了不同地质参数和压裂施工参数对缝网形态的影响。

1.4 体积压裂水平井产能预测方法

目前，体积压裂水平井产能预测方法主要分为以物理模型假设为前提的解析/半解析方法和以网格离散化等效模拟的数值方法，建立的预测模型按照缝网形态可分为平面对称双翼缝网、正交线网和非常规裂缝模型三类。

1.4.1 解析/半解析方法

目前，体积压裂产能预测解析/半解析模型主要分为两类：一类是基于现场经验的矿场统计经验方法，利用改进的 Arps 递减曲线来估算单井产量，其代表人物是 Ambrose(2011)，但由于该方法预测非常规储层改造的复杂缝网压裂井的产能与实际相差较大，因此较少采用；另一类是通过物理模型及假设条件来建立相应的数学模型，用压力或产量来描述油气在储层和裂缝中的渗流，并进行求解得到特定的函数关系式，利用该方法建立的产能预测模型被称为解析/半解析模型，见表 1-1。

表 1-1 体积压裂水平井产能预测解析/半解析方法分类表

分类	双翼对称缝网 （平面 Planar）	正交缝网 （线网 Wiremesh）	复杂缝网 （非常规裂缝扩展模型 UFM）
解析 模型	 (a)	 (b)	 (c)

分类	双翼对称缝网 （平面 Planar）	正交缝网 （线网 Wiremesh）	复杂缝网 （非常规裂缝扩展模型 UFM）
	方便、快捷，只需要简单的输入即可，但需要一定的假设条件对储层和 裂缝进行简化处理		
半解析 模型	（a₁）	（b₁）	（c₁）
	可考虑复杂缝网结构，计算精度高，但前期处理较为复杂，只能解决单 井单相		

1.4.1.1 解析模型

体积压裂水平井解析模型(Analytical Model)较为常见的是线性流模型[表 1-1：(a)~(c)]，即根据等效渗流理论，假设裂缝形状，把裂缝中的流动简化为线性流或者径向流，将缝网等效为一个高渗透带，用高渗透带的数量、体积和渗透率表征缝网特征，模型注重把握体积压裂水平井整体的缝网特征及流动形态。这种方法被国内外学者 Ozkan、Brown 和 Meyer 等应用于水平井多级压裂的产能计算问题。

目前，应用最广泛是"三线性流"模型(图 1-5)，即假设流体从区域 1(平行于人工裂缝方向的地层线性流)流向区域 2(裂缝之间的线性流)的储层基质，再从区域 2 流向人工裂缝，最后由区域 3(人工裂缝内部的线性流)流向水平井。

Ozkan(2009)将三线性流模型引入到压裂水平井中，该模型认为两条裂缝之间的区域(区域 2)是双重介质天然裂缝区，采用不稳定渗流模型进行分析。Ozkan 模型的主要缺点在于没有考虑储层流体的渗流特征，即没有考虑启动压力梯度的影响；Brown（2009）在Ozkan模型的基础上，提出了适合于非常规储层的三线性流模型，考虑了非常规储层的特点，认为在两条裂缝之间的区域是天然裂缝或者均质储层，并引入两种典型的理想化双重介质模型，即拟稳态模型和不稳定模型；Mayer（2010）基于三线性流方程以及裂缝干扰条件，得到了有限导流裂缝压裂水平井的近似解析解。姚军（2011）建立了储层未改造区域存在启动压力梯度时的压裂水平井试井数学模型，认为两条裂缝中间的储层被完全压裂，中间位置存在不渗透边界，在不渗透边界与裂缝之间考虑为双重介质的不稳定渗流的数学模型。

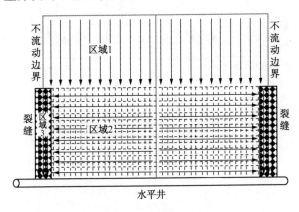

图1-5 三线性流模型示意图

Stalgorova 和 Mattar（2012，2013）提出一种扩展的"三线性流"模型，称为"五区模型（Five-region Model）"或"复合流动模型（Composite Flow Model）"。该模型考虑裂缝与储层间的压裂改造增产激活区和未改造区域，基于致密储层水平井体积压裂复杂缝网改造区域内复合流动特征，将体积压裂水平井简化为含有储层基质（未改造）区、次裂缝（改造）区及主裂缝区三部分的物理模型（图1-6），根据简化物理模型将储层分成五个区域（图1-7），分别包括：次裂缝间压裂增产激活区（Region1）、主裂缝间未改造区(Region2)、流向激活区的基质区(Region3)、流向未改造区的基质区(Region4)和裂缝内部流动区域。分别针对5个流动区建立流动方程和边界条件，考虑井筒存储效应，得到体积压裂水平井产能的解析解形式。

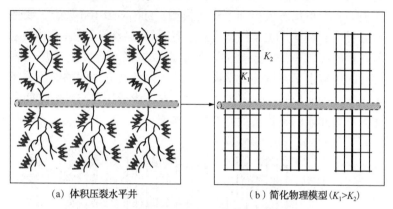

(a)体积压裂水平井　　　　　(b)简化物理模型($K_1 > K_2$)

图1-6　五区物理模型示意图

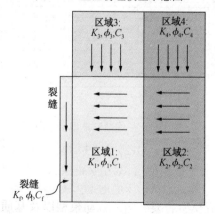

图1-7　五区模型流示意图及尺度(1/4单裂缝)

"三线性流"模型和"五区"模型均是基于各流动区域的渗流数学模型及边界条件，首先对储层各区域的渗流方程进行Laplace变换，利用贝塞尔函数，求出特定边界和初始生产条件下压裂水平井井底压力在 Laplace 空间内的解析解，然后通过 Stehfest 数值反演和 Duhamel 原理得到水平井井底压力表达式，进而得到体积压裂水平井解析解形式的产能公式。针对"三线性流"模型较复杂的求解过程，Xu(2011)基于质量和动量守恒定律，利用正交缝网(HFN)模型及椭圆流思想，通过定义不渗透边界，将体积压裂水平井总产量分为横、纵两个方向的产量之和，建立了裂缝性页岩气藏考虑储层基质与裂缝网络耦合的压裂水平井产能预测模型，并得到时间-空间域的解析解。该方法的优点是求解过程不需要进行复杂的数值 Laplace 逆变换，能够快速预测压裂水平井初期产能，且计算结果与数值模拟建立的裂缝网络模型具有很好的验证。

解析模型一般基于严格的数学公式推导，得到的产能表达式形式较为简单，只需要简单的输入即可；但解析模型一般需要将复杂缝网形态理想化为主、次裂缝正交的规则缝网形态，将复杂的渗流过程简化为线性流或椭圆流等特定渗流形态，很难准确描述实际缝网形态及缝网渗流特征，通常该方法多用于压裂水平井产能的简单预测与评价。

1.4.1.2 半解析模型

半解析模型(Semi-Analytical Model)就是将体积压裂复杂裂缝网看成是由很多小段裂缝组成的系统[表1-1：(a_1)~(c_1)]，通过定义每个小段裂缝的长度、方位及导流能力等参数来描述复杂缝网结构，对每一小段进行基质渗流和裂缝内部流动的耦合，然后经过迭代求得这一小段裂缝的压力和流量分布，得到单条裂缝的产能贡献，从而预测整个压裂水平井的产能。半解析渗流模型包括基质渗流模型、裂缝内部流动模型以及基质渗流和裂缝内部流动的耦合，也可考虑井筒内的流动及耦合问题。Medeiros(2008)利用双重孔隙思想，认为储层改造区是由均质块状体及裂缝单元组成的双重介质，将人工裂缝处理为细长条块，基于气体三维拟压力函数扩散方程，建立渗流半解析数学模型，通过定义双重孔隙参数和不稳定生产指数，利用格林公式求得多级压裂水平井不稳定渗流产能的半解析解；Yao(2012)提出一种新的多级压裂水平井产能预测的半解析模型，该模型分别将压裂裂缝和水平井筒离散为垂直方向和水平方向上的多个小段，整个油藏分成储层-裂缝系统、储层-水平井系统、裂缝系统和水平井筒系统4个部分(图1-8)，通过建立各系统渗流数学模型进行耦合求解，得到产能半解析解，该模型可以考虑储层与水平井筒之间的直接渗流以及井筒管流引起的压力损失。

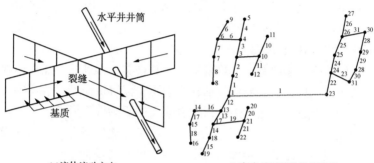

(a)流体流动方向
(由油藏基质流入裂缝,然后流入井筒)

(b)复杂缝网简化物理模型
(—— 表示井筒、—— 表示裂缝、• 表示节点)

图1-8　基质-裂缝-水平井系统离散化示意图

Zhou(2012)利用半解析边界元法研究了具有水力裂缝与天然裂缝交错形成的复杂缝网形态的体积压裂水平井的产能，该方法将储层渗流的解析解和离散裂缝渗流的数值解结合起来，可以对单条裂缝的属性及复杂缝网的形态进行描述，并可以考虑裂缝的非达西渗流和应力敏感等现象；Yao(2013)将水力裂缝离散为一个个平板源，每条裂缝又分成很多小段，每一小段看成有限垂直平板源，并考虑其应力敏感性，认为裂缝导流能力以小段平板源为单位变化，建立相应的渗流数学模型，基于格林函数及源/汇方程进行耦合求解，得到压裂水平井不同渗流流态的产量分布。

半解析方法可以解决与井筒成任意角度的二维或三维多条裂缝横穿水平井的产能预测问题，并能充分考虑储层非均质性及不同类型边界对产能的影响。但是，半解析方法前期处理较复杂，模型输入参数多，且只能解决单井单相问题，具有一定的局限性。

1.4.2　数值方法

与解析/半解析方法相比，数值方法较为灵活，能够处理更为复杂的缝网形态。体积压裂产能预测数值模型主要包括：平面对称双翼缝网模型（Bi-wing & Symmetric Planar Model）、正交线网模型（Orthogonal Wire-mesh Model）和非常规裂缝模型（UFM）。体积压裂水平井产能预测数值方法分类，见表1-2。

表1-2　体积压裂水平井产能预测数值方法分类表

分类	双翼对称缝网 （平面 Planar）	正交缝网 （线网 Wire-mesh）	复杂缝网 （非常规缝网模型 UFM）
数值 模型			
	可以灵活处理更为复杂的缝网形态，可考虑多相流动，但输入较为复杂，需要更多的时间和专业知识建立模型和运行计算		

1.4.2.1　平面对称双翼缝网模型

平面对称双翼缝网模型是在直角网格的基础上，根据等效渗

19

流理论，假设复杂缝网是由一系列正交的主、次裂缝有规律的组合而成，把复杂缝网简化为规则缝网，用主、次裂缝的长度、宽度和导流能力等参数表征缝网特征，利用数值软件即可进行数值模拟计算与预测体积压裂水平井产能。该方法由于既考虑了体积压裂主、次裂缝，又能较快捷地被现成的商业软件实现，被Sennhauser、Li(2011)和Iwere(2012)等多数学者用于简单的多级压裂水平井产能预测问题。

1.4.2.2　正交线网模型

正交线网模型是用等效网格渗透率来表征裂缝网络，以主裂缝为缝网系统的主干，分叉缝在主缝延伸一定长度后恢复到原来的裂缝方位，形成以主裂缝为主干的纵横"网状缝"系统。按照缝网平面形态，可分为矩形正交线网和椭圆正交线网模型。其中，矩形正交线网模型基于线性流思想，假设压裂主、次裂缝形成规则的矩形缝网形态，利用该方法进行体积压裂水平井产能计算的代表人物有Mayerhofer(2006)和Cipolla(2010)；椭圆正交线网模型又称HFN模型，是由Xu等(2009，2010)提出的，其优点是引入椭圆流的思想，考虑裂缝延伸在空间上的变化，具有一定的优势。正交线网模型由于假设主、次裂缝穿过整个储层厚度，形成规则的正交网状系统，模拟的缝网几何形态较为理想，因而使用时具有较大的局限性。

1.4.2.3　非常规裂缝模型

非常规裂缝模型可分为离散裂缝网络(Discrete Fracture Network，DFN)模型和多重孔隙介质(Muti-Porosity Media，MPM)模型。

DFN模型是将缝网系统简化为多裂缝或交错分布的形态，包括三维的线网模型、二维的离散模型以及随机分布的多裂缝模型(图1-9)，明确定义了模拟区域内每一条裂缝的位置、产状、几何形态、尺寸、宽度以及孔渗性质等。DFN模型建立的基础是Ficher(2002)提出的复杂裂缝形态理论，认为页岩气压裂后形成了复杂的裂缝形态，简化为多裂缝或交错分布的形态；Cipolla（2009）建立了等距分布正交分布的网状裂缝产能预测模型，采用 SRV 法计算改造体积，考虑了支撑剂的分布形态（支撑裂缝和未支撑裂缝），渗流模式（解吸附、达西渗流和非达西渗流）以及裂缝参数对产能的影响；William（2010）通过裂缝识别和成像测井技术确认裂缝数量及方位，建立了裂缝分布模型后简化为气藏数值模拟模型，通过历史拟合进行模型校正和参数优化；Bruce（2011）考虑稳态和拟稳态流动情况，采用正交的椭球来模拟网状裂缝，裂缝在空间上呈三维分布相互正交，建立了线网模型，得到了产能预测图版；Thomas（2013）基于裂缝成像测井、裂缝层析成像及微地震数据，建立了考虑双重孔隙介质的非常规裂缝性油藏 DFN 模型，模拟计算了天然裂缝对产能的影响。

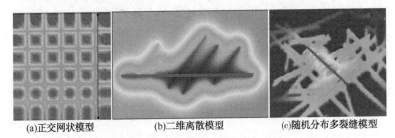

(a)正交网状模型   (b)二维离散模型   (c)随机分布多裂缝模型

图 1-9　离散裂缝网络模型示意图

DFN 模型虽然可以较精确地模拟近井位置的裂缝分布，但对远离井位的裂缝描述精度较差，只能使用地质与地震属性的二维分布图来制约裂缝模型的生成。因此，这种模拟方法只适合有大量成像井的区域，而不适合井数较少的区域。

MPM 模型是一种等效连续体模型，由基质（有机质/无机质）系统和裂缝系统组成。基于 Warren 和 Root（1963）提出的双重孔隙介质模型，Zhang（2009）利用离散裂缝网络建立了包含基质子网格的多重孔隙介质模型，分析了等温吸附效应和非达西效应等对产能的影响；Schepers（2009）利用蒙特卡罗概率算法和地质统计学方法建立了双重介质模型，考虑了气体的解吸附、扩散和达西流动的渗流模式以及气水两相渗流规律，有利于产能的准确预测；Du（2010）基于微地震监测、压裂施工数据和生产历史拟合分析，建立了考虑基质、天然裂缝及水力裂缝网络系统的双重孔隙模型，并结合微地震监测结果，进行了页岩气产能预测及影响因素分析；Sun（2014）针对页岩气藏提出一种三孔双渗（Triple Porosity Dual Permeability，TPDP）模型，考虑了由于压力驱动对流和浓度驱动 Knudsen 扩散的气体运移现象，包括从有机物表面解吸的多组分气体，以及有机介质-无机介质-多裂隙网络的传质机理，从而实现页岩气产能预测；Cao 等（2016）提出一种页岩气开发评价的全耦合多尺度气体运输模型，用一组偏微分方程来反映不同的流动和变形过程，并通过一个渗透或者扩散模型来反映它的演化过程，所有系统对这些渗透模型都完全耦合并发生物质交换，该研究通过马塞勒斯和巴内特页岩气的产量验证了该模型的有效性；Ren 等（2018）提出一种多重孔隙介质模型，该模型的特点是：可以考虑区域最大水平主应力方向，能够控制和模拟天然裂缝与人工裂缝交错的复杂程度，充分考虑裂缝与基质的渗流特征；体积压裂主、次裂缝形成的复杂缝网同时融合在基质块与裂缝块系统中，储层压裂改造体积范围内外采取不同的网格排列方式，水力压裂增产措施处理后的储层可以用复杂的裂缝网格系统和基质系统两部分组合起来来代表，即在 SRV 内部采用粗化的、局部网格加密的的基质-天然裂缝-人工裂缝网络系统，而在 SRV 外部采用的是基质-天然裂缝网络系统。

1.5　流固耦合模型及求解方法

油藏开发过程中岩石孔隙变形产生的应力场与流体流动形成

的渗流场之间存在相互作用，即固体岩石在流体动载荷作用下发生位移或变形，而这种位移或变形又反过来影响流场，从而改变流体载荷的大小与分布，正是这种相互作用产生了油藏内部的流固耦合(Fluid-Solid Interaction，FSI)现象。近年来，流固耦合研究逐渐由线性耦合发展到非线性耦合问题，计算格式从单纯的流体域差分格式和固体域有限元格式发展到混合或兼容的流固耦合数值求解格式，模型求解由传统的间接迭代耦合向直接全耦合发展。

孔隙介质作为流体的储集空间，其力学性质对油井生产有重要的影响。早期研究主要集中在孔隙中流体的渗流行为，而将岩石基质、天然裂缝及人工裂缝孔隙系统均当作刚性的渗流通道，对各系统的力学性质鲜有考虑。Terzaghi(1943)最早描述了固体变形与流体流动之间存在的耦合现象，提出了有效应力的概念；Blot(1941)通过分析孔隙压力对三向变形材料的作用规律，建立了三维固结理论。为了使该理论与传统的渗流模型相一致，Geertsma(1957)、Verruijt(1969)和Chen(1995)等学者重新定义并解释了Biot理论，并提出了单重孔隙各向同性应力-渗流耦合模型。此后，针对油藏中存在基质、天然裂缝或人工裂缝等多重孔隙介质，许多学者基于Biot的孔隙弹性理论与Barrenblatt的双重孔隙理论，进行了适用于裂缝性油藏的离散介质、拟连续介质和双重孔隙介质流固耦合模型的相关研究。

有限差分和有限元作为流固耦合问题应力和渗流控制方程常用的两种数值求解方法。虽然有限差分法的精确度比有限元法高，但有限元法方便灵活、应用范围广，不仅能够适应复杂几何形状和各类边界条件，还能解决非均质连续介质的问题。随着计算机运算速度和存储能力的不断提高，为复杂流固耦合问题的有限元数值求解提供了保障。

从固体域和流体域方程的耦合方式来讲，流固耦合求解方法经历了三个发展过程：单向耦合、双向迭代求解的间接耦合(松散求解)和直接求解的强耦合(全耦合)。

(1)单向耦合方法是指在同一时间步内对应力和渗流两组方

程的独立求解，然后仅将其中某一物理过程的运算结果输入并作为另一物理过程的初始参数进行运算，这种传递过程只是单向的。Fredrich 和 Arguello（1996）等学者对该方法进行了描述。

（2）间接耦合是指在每一时间步内分别对流体方程和固体方程进行独立求解，通过交叉耦合项交换流体域与固体域的计算结果作为下一时间步的初始化参数，从而实现双向迭代耦合求解。优点是能充分利用现有的结构动力学和流体动力学的计算方法和程序，或做少量的改进，就可以对耦合问题进行模块化求解；缺点是由于积分是交错进行的，固体域和流体域的时间推进总是存在一定滞后，且收敛速度慢，准确性难以保证。因此，该算法是一种弱耦合过程。作为目前发展比较成熟的求解方式，Carlos 和 Piperno（2001）、刘建军（2002）、周志军（2003）、Wolfgang（2007）和 Degroote（2009）等国内外学者利用这种耦合方法对油藏开发过程中的流固耦合问题进行了大量研究与应用，揭示了流固耦合效应对油藏开发及油井生产动态的影响规律。

（3）全耦合是指将固体域方程、流体域方程和流固耦合项三者构造在统一通式形式的流-固全耦合偏微分方程组中，通过求解通式形式的流固全耦合偏微分方程组，可同时得到应力场与渗流场在几何域内的分布，即实现渗流场和应力场的全耦合求解。该方法是把固体和流体看作是利用接触界面耦合连接的连续介质，控制方程是通过整体结构的单一算子来描述。由于固体域和流体域上的时间积分同步进行，不存在时间滞后和能量不守恒现象，所得结果与实际的物理过程更为一致，能够显著降低运用间接耦合法求解所带来的误差，因此是一种具有相当吸引力的耦合方法。Helsa 于 1991 年最早提出了双向介质同步耦合理念，即将固体域和流体域通过一个统一的控制方程进行求解；近年来，Chen（2007）、Bendiksen（2008）、Schepers 和 Dean（2009）、王瑞（2013）和 Cao（2016）等国内外学者对全耦合方法在各学科中的应用进行了初步探索，由于该方法理论尚未完全成熟，开展的应用较少，国内尚处于起步阶段。

第2章 致密储层体积压裂裂缝扩展机理

体积压裂技术作为致密储层改造的有效途径，是通过形成天然裂缝与人工裂缝相互交错的空间裂缝网络来增加油藏改造体积，以达到增产的目的。致密储层由于脆性较强，普遍存在天然裂缝。目前，对水力裂缝遭遇不同性质天然裂缝时的裂缝扩展规律尚未有明确的认识和总结。本章利用改进的位移不连续方法、力学机理分析和起裂与扩展准则，在充分考虑致密储层特征的基础上，利用位移不连续、最大拉应力等理论，建立致密储层体积压裂裂缝扩展模型，分析致密储层体积压裂裂缝扩展机理。

致密储层体积压裂裂缝扩展机理的研究思路：①分析缝网形成机理及所需储层地质条件；②通过假设裂缝表面位移不连续量分布特征，运用改进的位移不连续方法(DDM)，计算多裂缝离散状态下的组合应力场分布；③利用权函数方法(WFM)计算水力裂缝遭遇天然裂缝之前和之后时裂缝端部的应力强度因子；④分析水力裂缝遭遇天然裂缝时的力学机制，建立单一裂缝扩展模式，并根据最大拉应力(MTS)理论，建立裂缝起裂与延伸判定准则；⑤模型编程流程图及数值求解；⑥分析地应力场、裂缝扩展模式和分支缝扩展角度及压力的变化规律。

2.1 致密储层缝网形成机理及地质条件

2.1.1 致密储层缝网形成机理

所谓"体积压裂"就是指在水力压裂过程中，使天然裂缝不断扩张和脆性岩石产生剪切滑移，形成天然裂缝与水力裂缝相互交错的复杂裂缝网络，对油气储集层进行的三维立体改造，从而增加油藏改造体积。

体积压裂缝网形成力学机理：通过利用多簇射孔，高排量、大液量、低黏压裂液以及转向材料及技术，利用储层两个水平主应力差值与裂缝延伸净压力的关系，当裂缝延伸净压力大于储层天然裂缝或胶结弱面张开所需的临界压力或净压力达到某一数值能在岩体形成分支缝，形成初步的缝网系统；以主裂缝为缝网系统的主干，分支缝可能在距离主缝延伸一定长度后又恢复到原来的裂缝方位，或者张开一些与主缝成一定角度的分支缝，最终都可形成以主裂缝为主干的纵横交错的网状缝系统，这种实现网状效果的压裂技术也称为缝网压裂技术。缝网压裂的改造对象是天然裂缝较发育的致密砂岩储层，通过缝网压裂在垂直于主裂缝方向形成"人工多裂缝"，改善了储层的渗流特征。

体积压裂技术的增产机理：让主裂缝与多级次生裂缝交织形成裂缝网络系统，将可以进行渗流的有效储层打碎，使裂缝壁面与储层基质的接触面积最大，使得油气从任意方向的基质向裂缝的渗流距离最短，极大地提高储层的整体渗透率，实现对储层在长、宽、高三维方向的全面改造，扩大储层泄油体积，提高油井初始产量和最终采收率。

2.1.2 储层缝网形成地质条件

体积压裂裂缝网络的形成通常是由整个储层地质特征所决定的，这些地质特征都是不可控因素，且各因素之间并不是彼此孤立，而是相互联系、相互影响，共同决定着网络裂缝形成的复杂程度。根据国内外对致密储层体积压裂矿场经验，下面仅对致密储层体积压裂裂缝网络形成所必备的四个主要地质因素进行认识与讨论，包括岩石矿物成分、岩石力学性质、天然裂缝和水平应力差。

2.1.2.1 岩石矿物组成

实践证明，石英或碳酸盐岩等脆性矿物含量越高的储层，水力压裂越容易产生复杂裂缝网络。即含有硅质或钙质等元素的矿物更容易破碎和促进天然裂缝的激活，压裂后容易形成诱导缝网。反之，储层中黏土矿物含量越高，越不易形成缝网。因此，石英或碳酸盐岩矿物含量越高、且黏土含量较低的储层是较为理想的缝网压裂储层。

2.1.2.2 岩石力学性质

岩石的力学性能在很大程度上受矿物成分(或岩石脆性)的影响，岩石泊松比和杨氏模量综合反映了岩石脆性的强弱。泊松比反映材料横向变形的弹性常数，岩石脆性随着泊松比的减小而增加。杨氏模量是表征在弹性限度内物质材料抗拉或抗压的物理量，易碎的岩石通常具有一个较高的杨氏模量。岩石中脆性矿物含量越高，脆性指数越大，越易形成复杂缝网。

2.1.2.3 天然裂缝

由于体积压裂裂缝网络主要是由水力压裂产生的人工裂缝沟通储层中的天然裂缝而形成的，因此储层中的天然裂缝的发育程度及其方位，将直接影响水力压裂裂缝的延伸和裂缝网络形成的复杂程度。研究表明：天然裂缝越发育，人工裂缝与天然裂缝夹角越小，越容易产生复杂缝网。

2.1.2.4 水平应力差

在较低的水平应力差情况下，水力压裂裂缝不仅将穿过天然裂缝继续向前扩展，并可以引起沿天然裂缝方向扩展的诱导裂缝。因此，低水平应力差的裂缝性地层中的应力各向异性较弱，裂缝在各个不同方向上传播时需要的净压力相差不大。因此，对于低应力差储层，水力压裂裂缝更容易沿着天然裂缝的随机方向的传播，形成裂缝网络。

2.2 多裂缝离散状态下组合应力场分布

2.2.1 改进的位移不连续方法

位移不连续方法(Displacement Discontinuity Method, DDM)作为间接边界元方法的一种,是在 1973 年国际岩石力学大会上由美国学者 Crouch 首次提出的。该方法通过分析不连续位移边界上给定的力学平衡条件,求解出微元的不连续位移量,叠加得到相应的应力-应变场分布。DDM 对于裂缝边界及常规边界,均以不连续位移量为基本解。针对在压裂过程中裂缝两端存在应力集中的问题,这里利用 Lagrange 插值函数方法,以提高裂缝离散状态下微元不连续位移量的求解精度。

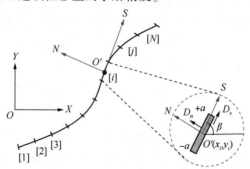

图 2-1　离散状态下任一位移不连续裂缝微元及坐标系

考虑二维平面问题,将单一裂缝离散成 N 个微元(图 2-1),XOY 为整体坐标系,$O'(x_i, y_i)$ 为第 i 个微元中心点,$SO'N$ 为第 i 个微元局部坐标系,β 为第 i 个微元与 X 轴夹角。离散状态下任意裂缝微元段在受到地应力场作用时,其上、下表面之间会产生相对错动,这种错动即为位移不连续,错动的相对大小即为位移不连续量。假设微元长度均为 $2a$,D_s、D_n 分别为不连续微元的切向、法向位移不连续量,当 $|s| \leqslant a$ 时,二者可用位移场分量表示:

$$\begin{cases} D_s = u_s(s,\ 0_-) - u_s(s,\ 0_+) \\ D_n = u_n(n,\ 0_-) - u_n(n,\ 0_+) \end{cases} \quad (2-1)$$

式中，正号表示微元上表面；负号表示微元下表面。

为保证裂缝微元与相邻两个微元的不连续位移变量在相邻单元之间具有较高的精度，引入形函数 $N_m(\xi)$ $(m=1\sim3)$ 作为 Lagrange 插值基函数，使得任一点处的位移不连续量可表示为：

$$\begin{cases} D_s(\xi) = \sum_{m=1}^{3} N_m(\xi)(D_s)_m \\ D_n(\xi) = \sum_{m=1}^{3} N_m(\xi)(D_n)_m \end{cases} \quad (2-2)$$

式中，形函数 $N_m(\xi) = \dfrac{\prod\limits_{k=1}^{3}(\xi - \xi_k)}{\prod\limits_{k=1}^{3}(\xi_m - \xi_k)}$ ，$(k \neq m)$；$\xi_1 = -2a$，$\xi_2 =$

0，$\xi_3 = 2a$。因此，得到 $N_1(\xi) = \dfrac{\xi^2 - 2a\xi}{8a^2}$，$N_2(\xi) = \dfrac{\xi^2 - 4a^2}{4a^2}$ 和

$N_3(\xi) = \dfrac{\xi^2 + 2a\xi}{8a^2}$。

假设微元上、下表面均匀作用了切向、法向不连续位移，在局部坐标系下，由弹性力学原理得到微元的位移 $(u_s、u_n)$、微元的应力场 $(\sigma_{ss}、\sigma_{nn}、\sigma_{sn})$ 与位移不连续量 $(D_s、D_n)$ 之间的关系为：

$$\begin{cases} u_s^i = \sum_{m=1}^{3}(D_s)_m[2(1-v)\overline{F}_3 - n\overline{F}_5] + \sum_{m=1}^{3}(D_n)_m[-(1-2v)]\overline{F}_2 - n\overline{F}_4] \\ u_n^i = \sum_{m=1}^{3}(D_s)_m[(1-2v)\overline{F}_2 - n\overline{F}_4] + \sum_{m=1}^{3}(D_n)_m[2(1-v)]\overline{F}_3 - n\overline{F}_5] \\ \sigma_{ss}^i = 2G\sum_{m=1}^{3}(D_s)_m(2\overline{F}_4 + n\overline{F}_6) + 2G\sum_{m=1}^{3}(D_n)_m(-\overline{F}_5 + n\overline{F}_7) \\ \sigma_{nn}^i = 2G\sum_{m=1}^{3}(D_s)_m(-n\overline{F}_6) + 2G\sum_{m=1}^{3}(D_n)_m(-\overline{F}_5 - n\overline{F}_7) \\ \tau_{sn}^i = 2G\sum_{m=1}^{3}(D_s)_m(-\overline{F}_5 + n\overline{F}_7) + 2G\sum_{m=1}^{3}(D_n)_m(-n\overline{F}_6) \end{cases}$$

$$(2-3)$$

式中，系数 $\overline{F}_n(n=2\sim5)$ 为函数 $f_m(s, n)$ 的导数，仅与微元点坐标有关，$\overline{F}_n = f_{m,s} = \dfrac{\partial f_m(s, n)}{\partial s}$，$\overline{F}_3 = f_{m,n} = \dfrac{\partial f_m(s, n)}{\partial n}$，$\overline{F}_4 = f_{m,sn} = \dfrac{\partial^2 f_m(s, n)}{\partial s \partial n}$，$\overline{F}_5 = f_{m,ss} = -f_{m,nn} = \dfrac{\partial^2 f_m(s, n)}{\partial s^2}$，$\overline{F}_6 = f_{m,snn} = \dfrac{\partial^3 f_m(s, n)}{\partial s \partial n^2}$，$\overline{F}_7 = f_{m,nnn} = \dfrac{\partial^3 f_m(s, n)}{\partial n^3}$；函数 $f_m(s, n) = -\dfrac{1}{4\pi(1-v)}\displaystyle\int_{-a}^{a} N_m(\xi)\ln\left[(s-\xi)^2 + n^2\right]^{\frac{1}{2}}d\xi$。

令 $F_m(I_0, I_1, I_2) = \displaystyle\int_{-a}^{a} N_m(\xi)\ln\left[(s-\xi)^2 + n^2\right]^{\frac{1}{2}}d\xi$，其中

$I_i = \displaystyle\int_{-a}^{a} \xi^i \ln\left[(s-\xi)^2 + n^2\right]^{\frac{1}{2}}d\xi (i = 0 \sim 2)$，其解析公式为：

$$
\begin{cases}
I_0 = n(\theta_1 - \theta_2) - (s-a)\ln r_1 + (s+a)\ln r_2 - 2a \\
I_1 = sn(\theta_1 - \theta_2) + \dfrac{1}{2}(n^2 - s^2 + a^2)(\ln r_1 - \ln r_2) - as \\
I_2 = \dfrac{n}{3}(3s^2 - n^2)(\theta_1 - \theta_2) + \dfrac{1}{3}(3sn^2 - s^3 + a^2)\ln r_1 - \\
\quad \dfrac{1}{3}(3sn^2 - s^3 - a^3)\ln r_2 - \dfrac{2}{3}a\left(s^2 - n^2 + \dfrac{a^2}{3}\right)
\end{cases} \tag{2-4}
$$

式中，$\theta_1 = \arctan\dfrac{n}{s-a}$、$\theta_2 = \arctan\dfrac{n}{s+a}$ 分别为任一点 (s, n) 和 $(a, 0)$、$(-a, 0)$ 连线与 s 轴的夹角；$r_1 = \sqrt{(s-a)^2 + n^2}$，$r_2 = \sqrt{(s+a)^2 + n^2}$ 分别为任一点 (s, n) 相对于点 $(a, 0)$、$(-a, 0)$ 的距离。

2.2.2 裂缝微元应力边界条件

在原地应力场作用下，裂缝微元 i 在局部坐标系 $SO'N$ 下的

应力场(正应力和剪应力)表达式为:

$$\begin{cases} (\sigma_{nn}^i)_0 = (\sigma_{xx}^i)_0\sin^2\beta^i + (\sigma_{yy}^i)_0\cos^2\beta^i - (\tau_{xy}^i)_0\sin2\beta^i \\ (\tau_{sn}^i)_0 = \dfrac{(\sigma_{yy}^i)_0 - (\sigma_{xx}^i)_0}{2}\sin2\beta^i + (\tau_{xy}^i)_0\cos2\beta^i \end{cases} \quad (2-5)$$

式中,$(\sigma_{nn}^i)_0$ 为微元 i 在 n 方向的正应力;$(\tau_{sn}^i)_0$ 为微元 i 受到的剪应力;$(\sigma_{xx}^i)_0$、$(\sigma_{yy}^i)_0$ 分别为微元 i 在 x、y 方向的原始正应力;$(\tau_{xy}^i)_0$ 为微元 i 的原始剪应力。

对单个裂缝微元而言,假设其受到均匀的缝内压力 p 作用,其微元面上受到的正应力和剪应力是由其他裂缝微元产生的应力阴影叠加的结果(图2-2),结合附加应力场公式可建立裂缝微元面上的应力平衡方程:

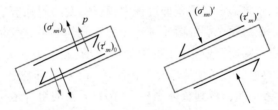

图2-2 裂缝微元应力分布

$$\begin{cases} -(\tau_{sn}^i)_0 = (\tau_{sn}^i)' = \sum_{j=1}^N \sum_{m=1}^3 C_{ss}^{ij} D_s^j + \sum_{j=1}^N \sum_{m=1}^3 C_{sn}^{ij} D_n^j \\ -p - (\sigma_{nn}^i)_0 = (\sigma_{nn}^i)' = \sum_{j=1}^N \sum_{m=1}^3 C_{ns}^{ij} D_s^j + \sum_{j=1}^N \sum_{m=1}^3 C_{nn}^{ij} D_n^j \end{cases} \quad (2-6)$$

式中,C_{ss}^{ij}、C_{sn}^{ij} 分别为微元 j 的剪切、张开不连续位移量(D_s^j 和 D_n^j)对微元 i 在 x 方向的正应力弹性影响系数,$C_{ss}^{ij} = 2G[2\cos^2\beta\,\overline{F}_4 + \sin2\beta\,\overline{F}_5 + n(\cos2\beta\,\overline{F}_6 - \sin2\beta\,\overline{F}_7)]$,$C_{sn}^{ij} = 2G[-\overline{F}_5 + n(\sin2\beta\,\overline{F}_6 + \cos2\beta\,\overline{F}_7)]$;$C_{ns}^{ij}$、$C_{nn}^{ij}$ 分别为裂缝微元 j 的不连续位移量(D_s^j 和 D_n^j)作用于裂缝微元 i 在 y 坐标方向上的正应力弹性影响系数,表达式分别为 $C_{ns}^{ij} = 2G[2\sin^2\beta\,\overline{F}_4 - \sin2\beta\,\overline{F}_5 - n(\cos2\beta\,\overline{F}_6 - \sin2\beta\,\overline{F}_7)]$,

$$C_{nn}^{ij} = 2G[-\overline{F}_5 - n(\sin2\beta\,\overline{F}_6 + \cos2\beta\,\overline{F}_7)]。$$

式(2-6)即为离散裂缝微元的应力边界条件。公式左边项为已知应力边界条件，右边项为含微元位移不连续量 D_s^j 和 D_n^j 的共 2N 个未知量，通过建立 2N 个方程组可求得 N 个裂缝微元的位移不连续量 D_s^j 和 D_n^j。

2.2.3　多裂缝组合应力场计算

致密储层一般存在天然裂缝，在进行压裂施工时，水力裂缝的扩展以及水力裂缝遭遇多条天然裂缝之后二者的延伸受到较复杂地层岩石组合应力场的作用。该组合应力场是由两个应力场叠加形成的，即在长期地质作用条件下形成的原始地应力场（正、剪应力）以及多裂缝扩展延伸过程中相互引发的附加应力场（正、剪应力）。在对每个裂缝微元进行压力和几何参数迭代求解过程中，由"应力阴影"效应产生的附加应力场（正、剪应力）在裂缝扩展过程的每一时间步都需要重新计算，然后将其与上一时间步的地应力场叠加，得到整体坐标系 XOY 下新的组合地层应力场分布表达式为：

$$\begin{cases} \sigma_{xx} = (\sigma_{xx}^i)_0 + (\sigma_{xx}^i)' = (\sigma_{xx}^i)_0 + \sum_{j=1}^{N}\sum_{m=1}^{3}C_{ss}^{ij}D_s^j + \sum_{j=1}^{N}\sum_{m=1}^{3}C_{sn}^{ij}D_n^j \\[2mm] \sigma_{yy} = (\sigma_{yy}^i)_0 + (\sigma_{yy}^i)' = (\sigma_{yy}^i)_0 + \sum_{j=1}^{N}\sum_{m=1}^{3}C_{ns}^{ij}D_s^j + \sum_{j=1}^{N}\sum_{m=1}^{3}C_{nn}^{ij}D_n^j \\[2mm] \tau_{xy} = (\tau_{xy}^i)_0 + (\tau_{xy}^i)' = (\tau_{xy}^i)_0 + \sum_{j=1}^{N}\sum_{m=1}^{3}C_{sns}^{ij}D_s^j + \sum_{j=1}^{N}\sum_{m=1}^{3}C_{snn}^{ij}D_n^j \end{cases}$$

$$(2-7)$$

式中，σ_{xx}、σ_{yy} 分别为组合应力场中 x、y 方向的正应力；τ_{xy} 为组合应力场中的剪应力；$(\sigma_{xx}^i)'$、$(\sigma_{yy}^i)'$ 分别为微元 i 在 x、y 方向的附加正应力；$(\tau_{xy}^i)'$ 为微元 i 的附加剪应力；C_{sns}^{ij}、C_{snn}^{ij} 为微元 j 的不连续位移量（D_s^j 和 D_n^j）对微元 i 产生的剪应力弹性影响

系数, $C_{sns}^{ij} = 2G\left[\sin2\beta\,\overline{F}_4 - \cos2\beta\,\overline{F}_5 + n\left(\sin2\beta\,\overline{F}_6 + \cos2\beta\,\overline{F}_7\right)\right]$,

$C_{snn}^{ij} = 2G\left[-n\left(\cos2\beta\,\overline{F}_6 - \sin2\beta\,\overline{F}_7\right)\right]$。

2.3 裂缝尖端应力强度因子 SIF 计算

2.3.1 水力裂缝动态应力强度因子

在二维均匀地应力条件下, 水力压裂可看作由某一对称载荷系统引起的岩石发生张开破裂的过程, 裂缝面产生张开位移(位移与裂缝面正交), 在与裂缝面正交的应力作用下, 不断延伸的裂缝伴随着缝内压力载荷的动态分布, 使裂缝尖端应力强度因子(stress intensity factor, SIF)产生动态变化, 如图 2-3 所示。此时, 裂缝面上的应力强度因子可表示为应力动态连续分布函数 $\sigma(x)$ 和权函数 $g(x, L)$ 的积分形式:

$$K_{HF} = \int_0^L \sigma(x) g(x, L) \mathrm{d}x \qquad (2-8)$$

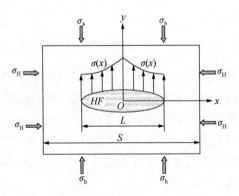

图 2-3 水力裂缝(HF)平面二维应变权函数法原理图

式中，K_{HF} 为水力裂缝尖端应力强度因子；L 为裂缝长度；$\sigma(x)$ 代表作用于水力裂缝面 x 处使岩石发生 I 型破裂的动态连续应力响应历程及分布；$g(x, L)$ 为权函数，和水力裂缝的位置、形状有关。

根据较普遍应用的 Sha 和 Yang 提出的权函数形式，经 Laham 引入几何函数变形演化，得到地层中张开型水力裂缝尖端动态应力强度因子表达式：

$$K_{IA} = \frac{1}{\sqrt{2\pi L}} \int_0^L \sigma(x) \sum_{i=1}^5 f_i^A \left(\frac{L}{S}\right)\left(1 - \frac{x}{L}\right)^{i-\frac{3}{2}} dx \qquad (2-9)$$

式中，S 为地层长度；$f_i^A(i=1, 2\cdots5)$ 为几何函数，当 $\frac{L}{S}\to0$ 时，$f_1^A = 2$、$f_2^A = 0.977$、$f_3^A = 1.142$、$f_4^A = -0.35$、$f_5^A = -0.091$。

因此，地层条件下（$S\to+\infty$，$\frac{L}{S}\to0$）的水力裂缝尖端动态应力强度因子为：

$$K_{IA} = \frac{1}{\sqrt{2\pi L}} \int_0^L \sigma(x) g(x, L) dx \qquad (2-10)$$

式中，权函数 $g(x, L) = 2(1 - \chi)^{-\frac{1}{2}} + 0.977(1 - \chi)^{\frac{1}{2}} + 1.142(1 - \chi)^{\frac{3}{2}} - 0.35(1 - \chi)^{\frac{5}{2}} - 0.091(1 - \chi)^{\frac{7}{2}}$，$\chi = \frac{x}{L}$。

应力场叠加原理表明，在复杂的外界约束作用下，裂缝前端的应力强度因子等于没有外界约束，但在裂缝表面上反向作用着无裂缝时外界约束在裂缝处产生的内应力所致的应力强度因子。因此，在地应力及缝内流体压力综合作用下，裂缝扩展延伸过程受到的应力场可等效看作仅由缝内净压力场作用于裂缝表面时产生的内应力场。

由线弹性断裂力学中应力强度因子叠加原理可知：当 n 个载荷同时作用于一个带裂缝的弹性物体时，若合力的裂缝张开类型与单个载荷作用时均为同一裂缝类型，载荷组在某一点上引起的应力和位移等于单个载荷在该点引起的应力和位移分量之总和，且应力强度因子为每个载荷单独作用时应力强度因子之和，即：$K_{\mathrm{HF}} = \sum_{i=1}^{n} K_{\mathrm{IA}}(i)$。因此，计算复杂载荷下应力强度因子的方法是将复杂载荷分解成简单载荷。

根据裂缝初始起裂位置，按照等压力梯度沿裂缝延伸方向划分压降节点，所有缝内节点处净压力作用产生张开型裂缝，利用叠加原理可得到不同节点压力叠加作用下的裂缝尖端应力强度因子。裂缝等压降节点划分如图 2-4 所示。由不同节点压力叠加所形成的 I 型裂缝尖端应力强度因子为：

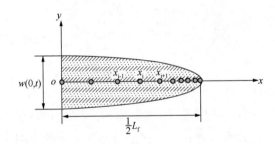

图 2-4　裂缝等压降节点划分示意图

$$K_{\mathrm{HF}} = \sum_{i=1}^{n} K_{\mathrm{IA}(i)}(p_{\mathrm{net}(i)}, x_i, L) = \sum_{i=1}^{n} \frac{1}{\sqrt{2\pi L}} p_{\mathrm{net}(i)} g_{(i)}(x_{(i)}, L)$$

$$(2\text{-}11)$$

式中，n 为等压降节点数；$p_{\mathrm{net}(i)}$ 为节点 i 处的缝内净压力；$x_{(i)}$ 为节点 i 与初始位置距离；权函数 $g_{(i)}(x_{(i)}, L) = 2(1-\chi_{(i)})^{-\frac{1}{2}} + 0.977(1-\chi_{(i)})^{\frac{1}{2}} + 1.142(1-\chi_{(i)})^{\frac{3}{2}} - 0.35(1-\chi_{(i)})^{\frac{5}{2}} - 0.091(1-\chi_{(i)})^{\frac{7}{2}}$，节点 i 处的无因次距离 $\chi_{(i)} = \dfrac{x_{(i)}}{L}$。

2.3.2 遭遇后分支缝应力强度因子

考虑一垂直深埋于无限大弹性岩体中的椭圆柱形天然裂缝，设其横截面长、短轴分别为 $2a$、$2b$（图 2-5）。在地层组合应力场（最大、最小主应力 σ_{xx}、σ_{yy}）作用下，该天然裂缝体处于二轴压应力状态，在裂缝面上产生剪应力 τ_{xy}。以裂缝面中心为原点、长轴为 S 轴建立局部直角坐标系 SON，于是该椭圆形裂缝的前缘可表示为：$\dfrac{s^2}{a^2} + \dfrac{n^2}{b^2} = 1$。在整体坐标系 XOY 中，裂缝面法线方向与 ox 轴夹角为 α。

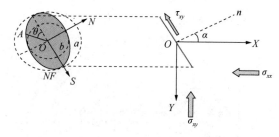

图 2-5 地层中椭圆形天然裂缝（NF）受地应力综合作用

根据二维线弹性理论，天然裂缝作为一个独立的系统单元，水力裂缝遭遇天然裂缝后垂直于椭圆形天然裂缝面受到组合地应力产生的正应力和缝内压裂液压力综合作用，其缝内净压力的表达式为：

$$p_{net(ij)} = \frac{1}{2}(1-\cos 2\alpha)p_{net(i)} \qquad (2-12)$$

式中，$p_{net(ij)}$ 为与水力裂缝压力节点 i 处相交的分支缝在节点 j 处的缝内净压力，MPa；$p_{net(i)}$ 水力裂缝与天然裂缝交点处的张应力，即水力裂缝与天然裂缝交点处裂缝微元内部的净压力，MPa。

因此，在多裂缝组合应力场作用下，椭圆形天然缝尖端由正应力产生的 I 型应力强度因子可表示为：

$$K_{\mathrm{I}} = \lim_{r \to 0} \sqrt{2\pi r}\, p_{\mathrm{net}(ij)} \bigg|_{\alpha=0} = p_{\mathrm{net}(ij)} \sqrt{\pi a} = \frac{1}{2}(1 - \cos 2\alpha) p_{\mathrm{net}(i)} \sqrt{\pi a}$$

$$(2-13)$$

从式（2-13）可以看出，水力裂缝遭遇天然裂缝后产生的分支缝裂缝尖端 I 型应力强度因子不仅与天然裂缝性质（长度、方位）有关，还与水力裂缝与天然裂缝交点处裂缝微元内部的净压力相关。

根据二维线弹性理论，天然裂缝作为一个独立的系统单元，在地应力作用下，平行于椭圆形天然缝表面的剪应力表达式为：

$$\tau_{xy} = \sigma_{xx}\sin\alpha\cos\alpha - \sigma_{yy}\cos\alpha\sin\alpha = \frac{1}{2}(\sigma_{xx} - \sigma_{yy})\sin 2\alpha$$

$$(2-14)$$

因此，在多裂缝组合应力场作用下，剪应力与椭圆长轴方向平行（$\omega = 0$），椭圆形天然缝尖端的 II 型应力强度因子为：

$$K_{\mathrm{II}} = \lim_{r \to 0} \sqrt{2\pi r}\, \tau_{xy} \bigg|_{\alpha=0} = \frac{1}{2}\sin 2\alpha(\sigma_{xx} - \sigma_{yy})\sqrt{\pi a} \quad (2-15)$$

从式（2-15）可以看出，水力裂缝遭遇天然裂缝后产生的分支缝裂缝尖端 II 型应力强度因子不仅与天然裂缝性质（长度、方位）有关，还与水平应力差相关。

2.4　压裂裂缝延伸与启裂判定准则

2.4.1　裂缝延伸模式力学分析

致密储层天然裂缝较发育，水力裂缝遭遇天然裂缝后形成缝网，需要天然裂缝的开启，使天然裂缝产生张开破裂或剪切（滑移）破裂，达到有效沟通天然裂缝、形成分支缝的目的。水力裂缝遭遇天然裂缝时，水力裂缝尖端与天然裂缝沟通，部分或全部压裂液进入天然裂缝，导致天然裂缝内部流体压力增加。当天然裂缝内的垂向流体压力超过垂直作用在天然裂缝面上的正应力及岩石抗张强度时，天然裂缝将张开破裂；当天然裂缝内的切向流体压力超过垂直作用在天然裂缝面上的剪应力，天然裂缝产生剪切破裂。

根据水力裂缝与天然裂缝交点处的最大拉应力与天然裂缝面正、剪应力及岩石抗张强度之间的关系判断水力裂缝遭遇天然裂缝后二者的延伸扩展路径。水力裂缝遭遇天然裂缝时产生以下三种扩展模式(图2-6)。

(1)模式1：水力裂缝未穿过天然裂缝，沿天然裂缝转向延伸。当交点处的流体压力不能压开交点另一侧壁面，却能使天然裂缝产生滑移时，水力裂缝将会沿天然裂缝转向，使天然裂缝在末端破裂，并再次转向继续沿原方向(最大主应力方向)延伸，其满足的力学条件为：

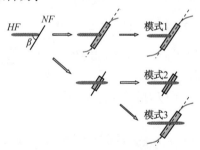

图2-6 水力裂缝HF遭遇天然裂缝NF后的延伸模式

$$\sigma_n + \Delta p_s < p_t < \sigma_t + T_0 \qquad (2-16)$$

式中，σ_n、σ_t分别为垂直和平行于裂缝面的正应力，MPa；T_0岩石抗张强度，MPa；p_t为交点处流体压力，MPa；Δp_s为交点与最近裂缝端部间流体压降，MPa。根据二维线弹性理论，$\sigma_n = \dfrac{1}{2}(\sigma_{xx} + \sigma_{yy}) - \dfrac{1}{2}(\sigma_{xx} - \sigma_{yy})\cos 2\beta$、$\sigma_t = \dfrac{1}{2}(\sigma_{xx} + \sigma_{yy}) + \dfrac{1}{2}(\sigma_{xx} - \sigma_{yy})$

$\cos2\beta$，θ 为逼近角，$\left[-\dfrac{\pi}{2}, \dfrac{\pi}{2}\right]$。$\Delta p_s = \dfrac{4(p_t-p_0)}{\pi} \displaystyle\sum_{n=0}^{\infty} \dfrac{1}{2n+1}$ exp

$\left[-\dfrac{(2n+1)^2\pi^2 k_{nf}t}{4\phi_{nf}\mu C_t L_{nf}^2}\right]\sin\dfrac{(2n+1)\pi}{2}$，其中，$k_{nf}$ 天然裂缝渗透率，

$10^{-3}\mu m^2$；μ 地层流体黏度，$mPa \cdot s$；ϕ_{nf} 天然裂缝孔隙度，无因次；C_t 天然裂缝综合压缩系数，$1/MPa$；p_0 储层的原始流体压力，MPa；L_{nf} 天然裂缝长度，m。$p_t = p_{net} + \sigma_{yy}$，其中 p_{net} 为交点处净压力，MPa。

得到交点处净压力需满足的关系式为：

$$\frac{1}{2}(\sigma_{xx} - \sigma_{yy})(1 + \cos2\beta) + T_0 > p_{net(i)} >$$

$$\frac{1}{2}(\sigma_{xx} - \sigma_{yy})(1 - \cos2\beta) + \Delta p_s \qquad (2-17)$$

（2）模式 2：水力裂缝穿过天然裂缝，天然裂缝部分开启。水力裂缝与天然裂缝相交直接穿过天然裂缝，继续沿原方向（最大主应力方向）延伸。根据 Blanton 准则，此时交点处流体压力需要满足下面的表达式：

$$p_i > \sigma_t + T_0 \qquad (2-18)$$

即交点处净压力需满足的关系式为：

$$p_{net(i)} > \frac{1}{2}(\sigma_{xx} - \sigma_{yy})(1 + \cos2\beta) + T_0 \qquad (2-19)$$

（3）模式 3：水力裂缝穿过天然裂缝，且沿天然裂缝转向延伸。当交点处的流体压力既能克服岩石抗张强度与正应力而穿透天然裂缝，又能使天然裂缝产生滑移的情况。

2.4.2 最大周向拉应力理论

1963 年，Erdogan（艾多甘）和 G. C. Sih（薛昌明）根据树脂玻璃板的物理实验，模拟承受均匀拉伸情况下的中心斜裂缝延伸，提出以裂缝尖端的最大周向（环向）应力 σ_θ 作为复合型裂缝延伸

的控制参数（图2-7）。最大周向应力准则认为：裂缝沿周向应力 σ_θ 取最大值时的方向 θ_0 扩展；当该方向上的周向应力 σ_θ 达到临界值 $\dfrac{\partial \sigma_\theta}{\partial \theta} = 0$ 时，裂缝失稳启裂。

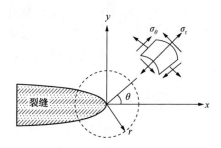

图2-7　裂缝尖端应力-应变场

2.4.2.1　复合裂缝裂尖应力场方程

直角坐标系下，Ⅰ-Ⅱ型复合裂缝裂尖应力场方程为：

$$
\begin{cases}
\sigma_{xx} = \dfrac{K_{\text{I}}}{\sqrt{2\pi r}}\cos\dfrac{\theta}{2}\left(1 - \sin\dfrac{\theta}{2}\sin\dfrac{3\theta}{2}\right) - \\[2mm]
\qquad\quad \dfrac{K_{\text{II}}}{\sqrt{2\pi r}}\sin\dfrac{\theta}{2}\left(2 + \cos\dfrac{\theta}{2}\cos\dfrac{3\theta}{2}\right) \\[3mm]
\sigma_{yy} = \dfrac{K_{\text{I}}}{\sqrt{2\pi r}}\cos\dfrac{\theta}{2}\left(1 + \sin\dfrac{\theta}{2}\sin\dfrac{3\theta}{2}\right) + \\[2mm]
\qquad\quad \dfrac{K_{\text{II}}}{\sqrt{2\pi r}}\sin\dfrac{\theta}{2}\cos\dfrac{\theta}{2}\cos\dfrac{3\theta}{2} \\[3mm]
\tau_{xy} = \dfrac{K_{\text{I}}}{\sqrt{2\pi r}}\cos\dfrac{\theta}{2}\sin\dfrac{\theta}{2}\cos\dfrac{3\theta}{2} + \\[2mm]
\qquad\quad \dfrac{K_{\text{II}}}{\sqrt{2\pi r}}\cos\dfrac{\theta}{2}\left(1 - \sin\dfrac{\theta}{2}\sin\dfrac{3\theta}{2}\right)
\end{cases}
\tag{2-20}
$$

极坐标形式下，Ⅰ-Ⅱ型复合裂缝裂尖应力场为：

$$\begin{cases} \sigma_{rr} = \dfrac{1}{2\sqrt{2\pi r}}\left[K_{\mathrm{I}}(3-\cos\theta)\cos\dfrac{\theta}{2}+K_{\mathrm{II}}(3\cos\theta-1)\sin\dfrac{\theta}{2}\right] \\[2mm] \sigma_{\theta\theta} = \dfrac{1}{\sqrt{2\pi r}}\cos\dfrac{\theta}{2}\left[K_{\mathrm{I}}\cos^2\dfrac{\theta}{2}-\dfrac{3}{2}K_{\mathrm{II}}\sin\theta\right] \\[2mm] \tau_{r\theta} = \dfrac{1}{\sqrt{2\pi r}}\cos\dfrac{\theta}{2}\left[K_{\mathrm{I}}\sin\theta+K_{\mathrm{II}}(3\cos\theta-1)\right] \end{cases}$$

$$(2-21)$$

2.4.2.2 Ⅰ–Ⅱ复合型裂缝延伸角度方程

为了确定裂缝开始沿什么方向扩展，即与原裂缝面方向的夹角(开裂角)。令周向应力取极值条件，有：

$$\frac{\partial\sigma_{\theta\theta}}{\partial\theta}=0\ \text{且}\ \frac{\partial^2\sigma_{\theta\theta}}{\partial^2\theta}<0 \qquad (2-22)$$

即：

$$\frac{-3}{4\sqrt{2\pi r}}\cos\frac{\theta}{2}\left[K_{\mathrm{I}}\sin\theta+K_{\mathrm{II}}(3\cos\theta-1)\right]=0 \qquad (2-23)$$

在式(2-23)中，由于：

(1) 到裂缝尖端的距离 r 不能趋向零，否则上式左边为无穷大，不考虑裂尖点；

(2) $\cos\dfrac{\theta}{2}\neq0$，否则 $\theta=\pm\pi$(自由表面)，无意义。

因此，式(2-23)等效形式为：

$$K_{\mathrm{I}}\sin\theta_0+K_{\mathrm{II}}(3\cos\theta_0-1)=0 \qquad (2-24)$$

即：

$$\cos\theta_0=\frac{3\pm M\sqrt{8+M^2}}{9+M^2} \qquad (2-25)$$

式中，$M=\dfrac{K_{\mathrm{I}}}{K_{\mathrm{II}}}$；$\cos\theta_0=\dfrac{3-M\sqrt{8+M^2}}{9+M^2}$ 为极小点应舍去，又考虑

到剪力方向变化时 θ_0 应相同，最后求得 $\cos\theta_0=\dfrac{3+|M|\sqrt{8+M^2}}{9+M^2}$，

其中不含材料常数 E、v，表明启裂角与材料特性无关。当 M 为正数时：对纯 I 型问题，$M \to 0$，$\cos\theta_0 \to 0$，$\theta_0 \to 0$；对纯 II 型问题，$M = 0$，$\cos\theta_0 = \dfrac{1}{3}$，$\theta_0 = -70.53°$。同理，当 M 为负数时：对纯 I 型问题，$\theta_0 \to 0$；对纯 II 型问题，$\theta_0 = 70.53°$。因此，对 I + II 型复合问题：$70.53° > \theta_0 > -70.53°$。

2.4.2.3 最大周向应力

令 $(\sigma_{\theta\theta})_{\max} = \dfrac{1}{\sqrt{2\pi r}}[K_{\mathrm{I}} g_{\theta\theta}^{I}(\theta) - K_{\mathrm{II}} g_{\theta\theta}^{II}(\theta)]$，则 $g_{\theta\theta}^{I}(\theta) = \cos^3 \dfrac{\theta}{2}$，

$g_{\theta\theta}^{II}(\theta) = -\dfrac{3}{2}\cos\dfrac{\theta}{2}\sin\theta$，绘制函数 $g_{\theta\theta}(\theta)$ 曲线，如图 2-8 所示。

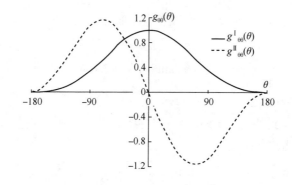

图 2-8 $g_{\theta\theta}(\theta)$ 函数变化曲线

从图中可以看出：对于 I - II 型复合裂缝，M 为正数时，裂尖周向应力 $\sigma_{\theta\theta}$ 取得极大值的条件为 $-70.53° \leqslant \theta \leqslant 0$；$M$ 为负数时，裂尖周向应力 $\sigma_{\theta\theta}$ 取得极大值的条件为 $0 \leqslant \theta \leqslant 70.53°$。

2.4.2.4 断裂判据

$$(\sigma_{\theta\theta})_{\max} = (K_{\mathrm{I}}, K_{\mathrm{II}}, \theta_0) = (\sigma_{\theta\theta})_{cr} \tag{2-26}$$

式中，$(\sigma_{\theta\theta})_{cr}$ 为最大周向应力临界值，是一个只与材料性质有关而与复合裂缝状态无关的常数，由 I 型裂缝 K_{IC} 确定（断裂判据

必须满足 I 型裂缝，材料常数不变）。

对于纯 I 型裂缝，由裂缝扩展方向判定公式可知 $\theta_0 = 0$，这与前面的结论是一致的。在启裂时 $K_I = K_{IC}$，此时，裂缝启裂的临界应力为：

$$(\sigma_{\theta\theta})_{cr} = \frac{K_{IC}}{\sqrt{2\pi r}} \qquad (2-27)$$

于是得到 I-II 复合型裂缝的起裂判定准则表示为：

$$K_{eq} = \frac{1}{2}\cos\frac{\theta_0}{2}[K_I(1 + \cos\theta_0) - 3K_{II}\sin\theta_0] \geqslant K_{IC} \quad (2-28)$$

式中，K_{eq} 与 K_{IC} 分别为裂缝尖端的等效断裂强度因子和断裂韧度。

水力压裂形成的裂缝为 I 型张开型裂缝，裂缝扩展是一个裂缝尖端岩体脆性断裂的过程。研究认为具有初始裂缝的岩体，其应力强度因子 K_I 随外加应力增加而增加，当 K_I 增大到临界值 K_{IC} 时，裂缝体处于由稳定向不稳定扩展的临界状态。因此，裂缝扩展脆性断裂条件为：

$$\sum_{i=1}^{m} K_{I(i)}[p_{\text{net}(i)}, l_{(i)}, l] \geqslant K_{IC} = \cos\frac{\theta_0}{2}\left(K_I\cos^2\frac{\theta_0}{2} - \frac{3}{2}K_{II}\sin\theta_0\right)$$

$$(2-29)$$

2.5　裂缝扩展模型求解及正确性验证

2.5.1　模型求解流程及其步骤

根据上述基于改进的位移不连续方法建立的裂缝扩展理论数学模型，在迭代求解各新增裂缝微元的应力和几何参数的过程中，必须在每一时间步重新计算附加应力场（正应力和剪应力作用产生的叠加应力场），该附加应力场必须叠加在最后一个时间步长的应力场，以最终确定在全局坐标系 XOY 中新的组合应力场分布。地层中任意位置组合地应力场的求解流程见图 2-9，其求解步骤如下：

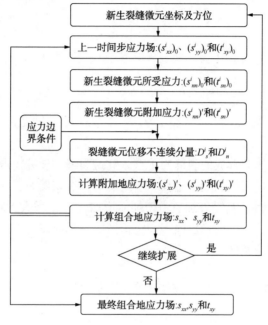

图 2-9　组合地应力场计算流程图

（1）根据新增裂缝微元位置、方位，及原地应力场或上一时步地应力场 $[(\sigma_{xx}^i)_0$、$(\sigma_{yy}^i)_0$ 和 $(\tau_{xy}^i)_0]$，计算新增裂缝微元在局部坐标系下的正、剪应力 $[(\sigma_{nn}^i)_0$、和 $(\tau_{sn}^i)_0]$。

（2）根据新增裂缝微元位置、方位，计算在局部坐标系下新增裂缝微元受到的附加正、剪应力 $[(\sigma_{nn}^i)'$、和 $(\tau_{sn}^i)']$。

（3）根据新增裂缝微元应力边界条件，建立线性方程组，求解得到 N 个裂缝微元的位移不连续量 $D_s^{\ j}$ 和 $D_n^{\ j}$。

（4）根据裂缝微元位置及裂缝宽度，计算平面应变校正因子

44

及应力弹性影响系数，得到整体坐标系下地层中任意位置附加应力场分布$[(\sigma_{xx}^{i})'$、$(\sigma_{yy}^{i})'$和$(\tau_{xy}^{i})']$。

（5）在整体坐标系下，根据原地应力场（或上一时步地应力场）与附加应力场分布，计算该时步下地层中任意位置组合应力场（σ_{xx}、σ_{yy}和τ_{xy}）。

2.5.2 模型求解方法对比验证

为了比较不同求解方法，这里以一个长为$6a$的直裂缝作为分析对象，其受到的外部压力为p，易得到该裂缝法线方向上的位移不连续量解析解：

$$D_n(x) = \frac{12pa(1-v^2)}{E}\sqrt{1-\frac{x^2}{9a^2}} \qquad (2-30)$$

式中，D_n为法向位移不连续量；E为杨氏模量；p为压力；v为泊松比；a为裂缝单元半长；x为裂缝单元中心点坐标。

令$M = -\dfrac{D_n E}{pa(1-v^2)}$，$RE$为相对误差，$\sigma_{nn}$为法线方向上的正应力。将该裂缝等分为三个长度均为$2a$的裂缝微元，分别利用解析法、DDM和改进的DDM方法进行计算，得到法线方向上的位移不连续量和正应力结果，三种求解方法计算结果见表2-1。

表2-1 不同求解方法结果对比

求解方法	微元1			微元2			微元3		
	M	σ_{nn}	$RE/\%$	M	σ_{nn}	$RE/\%$	M	σ_{nn}	$RE/\%$
解析法	8.94	0.95	/	12.00	3.82	/	8.94	0.95	/
DDM	11.78	1.25	31.67	14.14	4.50	17.33	11.78	1.25	31.67
改进的DDM	9.34	0.99	4.47	12.57	4.00	4.75	9.34	0.99	4.47

从不同求解方法结果对比可以看出，与位移不连续法计算结

果相比，不论是针对裂缝中心还是裂缝端部而言，基于 Lagrange 插值的位移不连续方法与解析方法计算结果均更为接近，其计算误差大幅减小，具有明显的优势。对所有三段裂缝微元，改进的 DDM 计算误差均小于 5%；而 DDM 对裂缝中部和裂缝两端的计算误差分别为 17.33% 和 31.67%。因此，简单的位移不连续方法对靠近裂缝端部的计算结果已经不能满足精度要求，有必要采用更精确的基于 Lagrange 插值的位移不连续方法。

2.6 体积压裂裂缝扩展规律及机理

致密储层由于天然裂缝较发育，体积压裂过程中每条水力裂缝可能与多条天然裂缝相遇，产生缝网的复杂程度也不尽相同。因此，首先要搞清楚组合地应力场、水力裂缝遭遇天然裂缝后的延伸模式和分支裂缝延伸角度及延伸压力的变化规律，进而对体积压裂复杂缝网扩展机理及模式进行总结分析。

模拟计算选用的致密储层基础地质参数见表 2-2，压裂施工参数见表 2-3。

表 2-2 致密储层基础地质参数

地质参数	值
研究区范围/m×m	10×10
泊松比（小数）	0.25
杨氏模量/GPa	5
岩石抗张强度/MPa	3.6、4.2
岩石断裂韧度/(MPa/m²)	0.8、1.6
天然裂缝半长/m	0~10
x 方向主应力/MPa	20
y 方向主应力/MPa	10、15、20

表 2-3 致密储层压裂施工参数

施工参数	值
水力裂缝半长/m	2、5
裂缝微元长度/m	0.2
接触角/(°)	−90~90
扩展压力/MPa	2、5
裂缝净压力/MPa	5

2.6.1 组合地应力场变化规律分析

根据组合地应力场计算公式，带入致密储层基础地质参数和压裂施工参数得到裂缝半长分别为 2m 和 5m 下 x、y 轴上的应力分布曲线(图 2-10)和应力场分布图(图 2-11)。

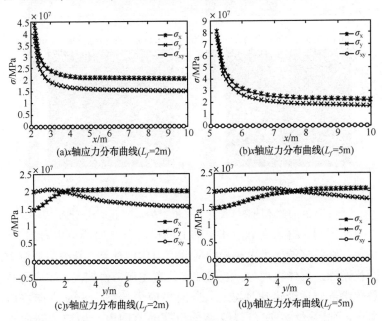

(a) x 轴应力分布曲线(L_f=2m)

(b) x 轴应力分布曲线(L_f=5m)

(c) y 轴应力分布曲线(L_f=2m)

(d) y 轴应力分布曲线(L_f=5m)

图 2-10 不同裂缝长度下 x 和 y 轴上的应力分布曲线

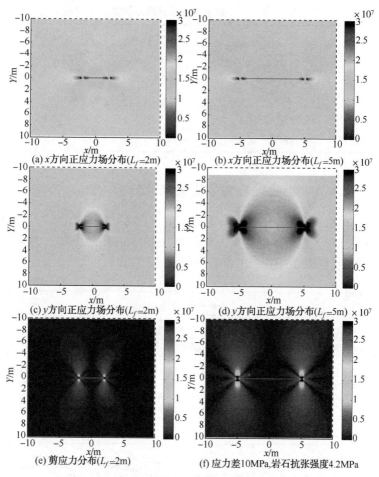

(a) x方向正应力场分布(L_f=2m)　　(b) x方向正应力场分布(L_f=5m)

(c) y方向正应力场分布(L_f=2m)　　(d) y方向正应力场分布(L_f=5m)

(e) 剪应力分布(L_f=2m)　　(f) 应力差10MPa,岩石抗张强度4.2MPa

图 2-11　不同裂缝长度下 x 和 y 方向上的应力场分布

从不同裂缝长度下 x 和 y 轴上的应力分布曲线可以看出：x 轴上，在裂缝端部产生较强的局部应力集中现象，裂缝附近应力变化剧烈。具体表现为：裂缝端部位置主应力值较大，主应力从裂缝端部向远处迅速递减，x 方向主应力始终大于 y 方向主应力。y 轴上，大约在与裂缝半长相等的范围内产生应力转向现象。表现为该区域内 x 方向主应力小于 y 方向主应力，而远离该区域时 x 方向主应力大于 y 方向主应力，与原始地应力方向一致。裂缝扩展过程中在 x 轴和 y 轴上产生的剪应力较小，在整个地层范围内，剪应力平面分布形成以裂缝端部为中心的近似阿拉伯数字"8"的形状。

从不同裂缝长度下 x 和 y 方向上的应力场分布图可以看出：随着裂缝的扩展，地层区域内 x、y 方向最大水平主应力和剪应力影响范围整体变大，裂缝尖端局部应力集中现象和裂缝周围应力转向现象越明显，裂缝附近应力变化更加剧烈。

2.6.2　水力裂缝延伸模式力学分析

根据水力裂缝延伸模式力学机理，考虑逼近角、地应力差和缝内净压力等因素，模拟计算不同力学控制条件下的裂缝延伸模式（图 2-12）。通常会出现以下三种延伸模式：①模式 1：当满足图中模式 1 的力学条件时，水力裂缝沿天然裂缝转向延伸，但未穿过天然裂缝；②模式 2：当满足图中模式 2 的力学条件时，水力裂缝穿过天然裂缝，天然裂缝部分开启；③模式 3：当满足图中模式 3 的力学条件时，水力裂缝穿过天然裂缝，且沿天然裂缝转向延伸。

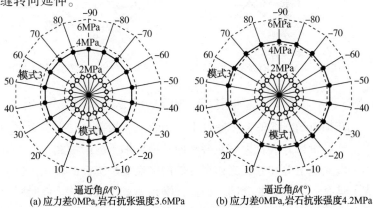

(a) 应力差0MPa,岩石抗张强度3.6MPa　(b) 应力差0MPa,岩石抗张强度4.2MPa

图 2-12　水力裂缝延伸模式力学分析

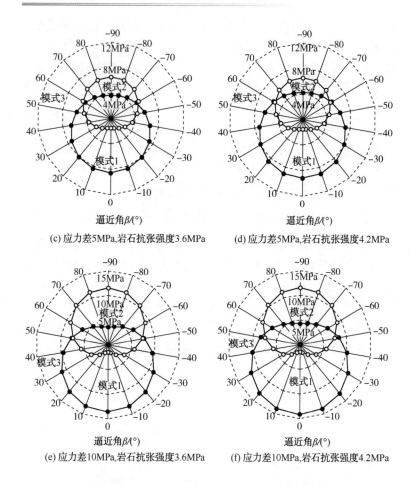

图 2-12　水力裂缝延伸模式力学分析(续)

在扩展模式 3 的力学条件下，不但人工裂缝穿过天然裂缝增大了缝网带长，而且天然裂缝转向延伸增加了缝网带宽，从而有利于形成以主缝和分支缝相组合的网络裂缝系统；而模式 1 仅形成了具有一定带宽的缝网。因此，满足模式 3 的力学条件时对形成复杂裂缝网络最有利，其次为模式 1，模式 2 仅形成单一裂缝。从以上水力裂缝延伸模式力学分析曲线可以看出，逼近角、地应力差及缝内净压力等因素共同决定了水力裂缝的延伸模式，具体表现在：

（1）应力差对水力裂缝延伸模式有较大影响。当应力差为0MPa时，仅可能出现扩展模式1和模式3的情况；而当地层中存在应力差时，可能出现所有的三种裂缝扩展模式。当地应力差越大时，产生扩展模式3所需的力学条件越高，不利于网络裂缝的形成。

（2）逼近角对水力裂缝延伸模式有一定影响。在充分的净压力下，当逼近角较小时，相交后首先是满足模式1沿天然裂缝发生转向产生分支缝，之后满足模式3穿过天然裂缝，形成较复杂的缝网；逼近角越大，形成缝网的临界净压力也越大，即形成复杂缝网的难度也越大。

（3）岩石抗张强度对水力裂缝延伸模式影响较小。由于岩石抗张强度主要影响水力裂缝能否穿过天然裂缝延伸，直接影响到模式1与模式3的分界线，岩石抗张强度越大，产生扩展模式3所需的临界净压力值越大，形成网络裂缝时对压裂施工的要求相对较高。

2.6.3 分支裂缝延伸角度变化规律

Beugelsdijk（2000）研究认为在其他条件不变时，裂缝的扩展形态是由应力差和缝内净压力共同决定的。根据Ⅰ-Ⅱ复合型裂缝延伸角度计算公式，可得到分支裂缝延伸角度随逼近角、地应力差和缝内净压力的变化关系对比曲线（图2-13）。利用延伸角度，模拟计算一条水力裂缝遭遇天然裂缝时不同逼近角、地应力差和缝内净压力对分支缝转向轨迹的影响（图2-14~图2-16）。

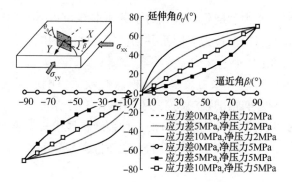

图 2-13　裂缝延伸角度变化关系曲线

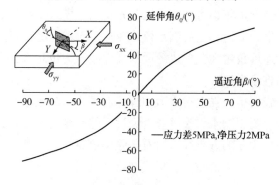

图 2-14　不同逼近角对分支缝转向轨迹的影响

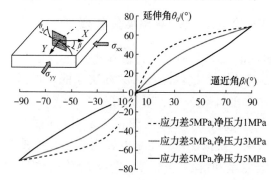

图 2-15　不同缝内净压力对分支缝转向轨迹的影响

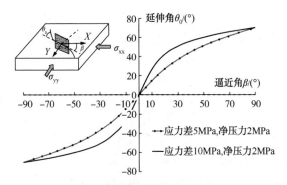

图 2-16　不同应力差对分支缝转向轨迹的影响

从上述分支裂缝延伸角度变化曲线可以看出，水力裂缝遭遇天然裂缝时，逼近角、缝内净压力及地应力差三个因素对分支缝延伸轨迹产生了决定性的影响，具体表现在：

（1）逼近角为不可控因素，当水力裂缝沿最大主应力方向与地层中初始分布的天然裂缝相遇时，分支缝的延伸角度随逼近角的增加而增大；当逼近角为 0° 时，天然裂缝发生张性破裂，属于纯 I 型（张开型）裂缝，水力裂缝穿透整个天然裂缝，即分支缝不偏转；当逼近角为 90° 时，水力裂缝与天然裂缝垂直相遇，天然裂缝发生剪切、滑移，属于纯 II 型（滑移型）裂缝，此时分支缝偏转角度达到最大值 70.53°。

（2）较大的缝内净压力有利于形成复杂缝网。当地应力差不变、缝内净压力增大时，分支缝转向延伸角度减小，转向扩展轨迹的曲率半径变大，使得分支缝可以在横向上沟通更多的天然裂缝，增加缝网宽度，有利于形成较复杂缝网。在压裂过程中，缝内净压力是随裂缝扩展时刻动态变化的，某一时刻某一位置缝内净压力等于该时刻裂缝内压力与裂缝闭合压力之差，缝内净压力为可控因素，可通过提高施工排量来增加缝内净压力。

（3）较小应力差有利于形成复杂缝网。当缝内净压力不变、应力差增大时，一方面，分支缝转向延伸角度增加，转向扩展轨迹的曲率半径变小，即分支缝在较小范围内达到主应力方向，缝内压力递减较快，使分支缝继续扩展或起裂较困难；另一方面，当应力差过低时，水力裂缝越容易只沿着强度较弱的天然裂缝面延伸，不利于带长的增加，减少了在带长方向上沟通更多的天然裂缝的概率。

因此，理想的缝网体积压裂，不仅需要水力裂缝沿最大主应力方向延伸更远，沟通更多的天然裂缝，而且要求分支缝产生较小的延伸角度，增加分支缝形成的缝网带宽，以沟通更多的天然裂缝，达到形成复杂缝网系统的目的。

2.6.4 分支裂缝延伸压力变化规律

利用 I-II 复合型裂缝的起裂判定准则，代入基础地质及施工参数，可模拟计算水力裂缝遭遇天然裂缝时不同逼近角、天然裂缝半长、应力差和岩石断裂韧度对天然裂缝转向延伸所需净压力的影响(图 2-17)。

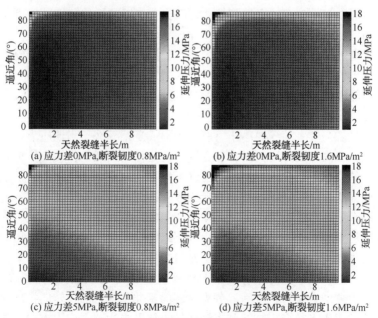

图 2-17　分支缝延伸所需净压力变化规律

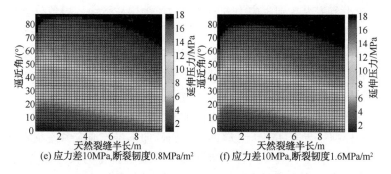

(e) 应力差10MPa,断裂韧度0.8MPa/m²   (f) 应力差10MPa,断裂韧度1.6MPa/m²

图 2-17 分支缝延伸所需净压力变化规律(续图)

从上述天然裂缝转向延伸产生分支缝所需净压力分布图可以看出:

(1) 逼近角对天然裂缝转向延伸所需净压力的影响较大。当逼近角为0°时,产生纯Ⅰ型张开裂缝,此时只需克服最小主应力和岩石断裂韧性,水力裂缝与天然裂缝重合穿过天然裂缝延伸;随着逼近角的增大,水力裂缝与天然裂缝交点处的有效净压力减小,天然裂缝转向延伸所需净压力逐渐增大,产生缝网越来越困难;当逼近角接近90°时,接近纯Ⅱ型裂缝,天然裂缝转向延伸所需的净压力达到最大值,产生缝网的施工难度最大。

(2) 天然裂缝半长对天然裂缝转向延伸产生分支缝所需净压力有一定影响。一方面,随着天然裂缝长度的增加,产生的等效断裂强度因子增大,使天然裂缝转向延伸产生分支缝所需净压力有所降低,其降低幅度在天然裂缝较短(缝内压降较小)时表现明显;另一方面,天然裂缝越长,水力裂缝遭遇天然裂缝后,缝内流体压力损失越大,压降越严重,导致需要更高的施工压力来形成缝网。

(3) 应力差对天然裂缝转向延伸所需净压力的影响较大。当应力差增大时,天然裂缝转向延伸产生分支缝所需净压力明显增大,分支缝继续扩展或起裂较困难,这是由于应力差增大使分支缝转向延伸角度增加,转向扩展轨迹的曲率半径变小,即分支缝

55

在较小范围内达到主应力方向，缝内压力递减较快，导致分支缝延伸所需净压力增大。

（4）岩石断裂韧性对天然裂缝转向延伸产生分支缝所需净压力的影响较小。随着岩石断裂韧性的增加，天然裂缝延伸所需要克服的岩石阻力有所增大，天然裂缝需要较大的净压力才能产生分支缝，导致形成缝网的难度增加。

模拟结果表明：天然缝能否转向延伸不仅与地应力差及岩石断裂韧性有关，其关键影响因素是天然裂缝自身的长度和方位。因此，对于致密储层进行缝网体积压裂时，尽量选择在天然裂缝较发育、裂缝密度较大的区块施工，并且布井时要充分考虑天然裂缝长度及走向对整个缝网形态的影响。

2.7 小 结

从地质条件和施工因素分析了致密储层体积压裂缝网扩展机理，认为形成理想的缝网不仅需要满足一定的油藏地质条件，还需要依靠合理的压裂施工工艺。

（1）在裂缝扩展过程中，裂缝尖端产生局部应力集中现象，裂缝附近产生最大、最小水平主应力反转现象。

（2）扩展模式3最有利于形成裂缝网络，即水力裂缝穿过天然裂缝并引起天然裂缝转向延伸。

（3）基于致密储层地质因素及施工条件，认为以下条件有利于形成较复杂裂缝网络：高脆性矿物含量和较强的岩石弹性特征（泊松比和杨氏模量）、较低的岩石抗拉强度和断裂韧度、较发育的天然裂缝（天然裂缝密度和天然裂缝发育程度）和较低的应力各向异性（水平应力差），较高的净压力（施工压力）、合理的裂缝方位方向（接触角）和较大的压裂规模（水力裂缝长度）。

第3章 致密储层体积压裂缝网
形成规律及参数表征

在搞清致密储层体积压裂裂缝扩展机理的基础上，需要明晰体积压裂水平井裂缝网络的最终扩展形态，为揭示压后水平井渗流规律及产能预测提供必要的基础物理模型及结构参数。本章针对水平井多段压裂过程中存在多裂缝应力干扰的问题，提出了考虑应力阴影效应的组合应力场计算模型和缝内流体分布数学模型，完善了致密储层体积压裂水平井缝网扩展理论模型，模拟了致密储层水平井体积压裂缝网形成过程，分析了致密储层地质因素及体积压裂施工参数对缝网形成的影响，得到了水平井体积压裂不同的缝网改造模式，并进行了缝网结构描述及参数表征。

致密储层体积压裂缝网形成规律及参数表征的研究思路：①水平井多段压裂应力阴影效应；②考虑多裂缝应力阴影效应，建立压裂液在主、次裂缝内部流动压降分布模型，结合体积压裂裂缝扩展数学模型，形成致密储层体积压裂水平井缝网扩展理论模型；③模型编程流程图及求解步骤；④模拟致密储层体积压裂水平井缝网扩展过程，分析致密储层地质因素及体积压裂施工参数对缝网形态及结构参数的影响规律，进而对裂缝扩展形态及模式进行总结分析；⑤进行体积压裂缝网多重孔隙介质特征参数描述与表征。

3.1 水平井多段水力压裂应力阴影效应

对于致密储层，需改造形成复杂缝网才有经济产能，体积压裂作为致密储层增产改造的主要措施，结合上一章体积压裂裂缝扩展机理表明：地应力场特别是水平主应力差是体积压裂的关键控制因素。室内实验、数值模拟及矿场微地震监测结果均表明：在水平井多段水力压裂过程中，每条张开的裂缝都会对周围岩石和邻近裂缝产生一定的干扰，且多段裂缝间的相互干扰作用对裂缝周围的地应力分布有很大影响。因此，建立体积压裂裂缝网络扩展模型的关键是如何认识与描述这种多裂缝干扰现象。

3.1.1 多裂缝应力阴影效应

Sneddon 在 1946 年最早提出了裂缝附近的应力场分布计算模型，之后许多学者对此进行了研究与探索。在水平井多段水力压裂过程中，每个张开的裂缝对围岩、邻近裂缝产生附加的应力场，称之为"应力阴影"，其干扰示意图如图 3-1 所示。应力阴影效应最主要的特征就是应力场的变化，即最小水平应力的增大。它影响着裂缝宽度和裂缝延伸路径，制约了支撑剂的铺展和裂缝网络的形成。

3.1.2 组合应力场计算模型

致密储层由于天然裂缝较发育，水平井体积压裂网络裂缝扩展过程中，裂缝网络是由多条水力裂缝及其沟通天然裂缝后产生的分支裂缝组成，各裂缝延伸的同时又会受到临近裂缝产生的正、剪应力的相互作用，在裂缝延伸过程中会伴随有应力转移、应力叠加和应力阴影等"3S"非线性破裂现象的出现，形成附加应力场，产生多裂缝"应力阴影"效应(图 3-2)。

Olson(2009)基于 Crouch 根据边界元方法提出的附加应力场计算公式，考虑裂缝高度和间距对附加应力场影响，引入平面应变校正因子 K^{ij}，则改进的附加应力场(正、剪应力)计算公式：

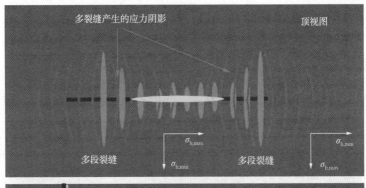

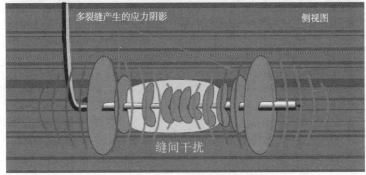

图 3-1 多裂缝扩展形成的"应力阴影"效应

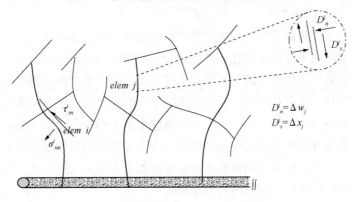

图 3-2 多裂缝"应力阴影"效应

$$
\begin{cases}
(\sigma_{nn}^i)' = \displaystyle\sum_{j=1}^{N}\sum_{m=1}^{3} K^{ij} B_{ns}^{ij} D_s^j + \sum_{j=1}^{N}\sum_{m=1}^{3} K^{ij} B_{nn}^{ij} D_n^j \\
(\tau_{sn}^i)' = \displaystyle\sum_{j=1}^{N}\sum_{m=1}^{3} K^{ij} B_{ss}^{ij} D_s^j + \sum_{j=1}^{N}\sum_{m=1}^{3} K^{ij} B_{sn}^{ij} D_n^j
\end{cases}
\tag{3-1}
$$

式中，B_{ns}^{ij}、B_{nn}^{ij} 为微元 j 的剪切、张开不连续位移对微元 i 产生的正应力弹性影响系数，$B_{ns}^{ij} = 2G[\,2\sin^2\gamma\,\overline{F}_4 + \sin 2\gamma\,\overline{F}_5 - n(\cos 2\gamma\,\overline{F}_6 + \sin 2\gamma\,\overline{F}_7)\,]$，$B_{nn}^{ij} = 2G[\,-\overline{F}_5 + n(\sin 2\gamma\,\overline{F}_6 - \cos 2\gamma\,\overline{F}_7)\,]$；$B_{ss}^{ij}$、$B_{sn}^{ij}$ 分别为微元 j 的剪切、张开不连续位移对微元 i 产生的平面剪应力弹性影响系数，$B_{ss}^{ij} = 2G[\,-\sin 2\gamma\,\overline{F}_4 - \cos 2\gamma\,\overline{F}_5 - n(\sin 2\gamma\,\overline{F}_6 - \cos 2\gamma\,\overline{F}_7)\,]$，$B_{sn}^{ij} = 2G[\,-n(\cos 2\gamma\,\overline{F}_6 + \sin 2\gamma\,\overline{F}_7)\,]$；$\gamma = \beta^i - \beta^j$ 为第 i 个与第 j 个微元的相对角度差；β^i、β^j 分别为微元 i、j 长度方向与 x 轴的夹角；D_s^i、D_n^j 分别为第 j 个微元上剪应力和正应力引起的剪切、张开不连续位移；校正因子 $K^{ij} = 1 - \dfrac{d_{ij}^{\beta}}{\left[\,d_{ij}^2 + (\frac{h}{\alpha})^2\,\right]^{\frac{\beta}{2}}}$；$d_{ij}$ 为微元 i 与 j 中心间距；h 为裂缝高度；α、β 为经验常数，一般取 $\alpha = 1$，$\beta = 2.3$。

在体积压裂缝网形成过程中，附加应力场随裂缝微元延伸方向和数量不断发生变化，产生的"应力阴影"效应具有双重影响：一方面，在压力与缝宽迭代计算过程中，每个裂缝微元都对原地应力场产生附加应力，这直接影响下一时间步缝内压力及缝宽的重新分布；另一方面，正应力与剪应力产生的应力阴影可能会导致裂缝在局部范围内的地层最大主应力方向偏离初始地层最大主应力方向，使裂缝局部偏离初始地层最大主应力方向扩展，并进一步影响体积压裂缝网的形成模式。

3.2 裂缝动态扩展及几何参数计算模型

目前，较普遍采用的裂缝扩展设计模型有二维（PKN、KGD、RADIAL）、拟三维和全三维模型。考虑体积压裂裂缝网络结构的复杂特性，这里综合二维和拟三维扩展模型思想进行缝网扩展模拟（图3-3），即主要研究二维平面内裂缝网络的扩展形态。

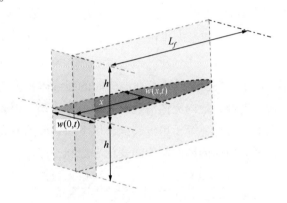

图 3-3　裂缝几何形状模型示意图

具体假设条件为：①储层岩石为均质、各向同性的理想无限大线弹性、脆性断裂体，初始最大、最小水平主应力均匀分布；②天然裂缝均垂直于地层分布；③地面注入压裂液排量不随时间变化；④缝内流体流动为层流；⑤裂缝横断面为近似椭圆形，最大缝宽在裂缝中部，纵断面为矩形，在垂直方向上的裂缝宽度不变；⑥缝网形成过程中裂缝高度恒定不变，缝内净压沿缝高和缝宽方向的变化可以忽略，即流体仅沿缝长方向流动。

裂缝动态扩展模型包含以下缝内流体连续性方程、压降控制方程、裂缝几何参数计算方程、初始条件及边界条件。

3.2.1 缝内流体连续性方程

假设压裂液为不可压缩流体，注入到裂缝中的压裂液一部分滤失到地层中，另一部分用于充填裂缝空隙及造新缝。多裂缝同时延伸时，根据流量分流理论及流体系统质量守恒定律，注入压裂液总量=压裂液滤失量+张开裂缝总体积，即：

$$Q \cdot t = \sum_{i=1}^{N} [V_{\lambda}(t) + V_{f_i}(t)] \qquad (3-2)$$

式中，Q 为压裂液施工排量，m^3/min；N 为张开裂缝总数；$V_{\lambda}(t)$ 为 t 时刻地层中压裂液滤失体积，m^3；$V_{f_i}(t)$ 为 t 时刻第 i 条裂缝体积，m^3。

采用 Carter 滤失模型计算存在滤失时的裂缝体积，认为滤失仅发生在油层内部，缝内流体沿缝长方向一维流动，则通过裂缝某一垂直剖面的流量，等于单位裂缝长度上压裂液的滤失速度与由剖面的扩展而引起的剖面面积的变化率之和，即：

$$-\frac{\partial q_j(x, t)}{\partial x} = \lambda_j(x, t) + \frac{\partial A_j(x, t)}{\partial t} \qquad (3-3)$$

式中，$q_j(x, t)$ 为流量，m^3/min；x 为距射孔点距离，m；单位裂缝长度上压裂液的滤失速度表达式为 $\lambda_j(x, t) = \frac{2hC_t(x, t)}{\sqrt{t - \tau(x)}}$；$C_t$ 为压裂液综合滤失系数，$m/min^{0.5}$，与压裂液黏度数、地层流体压缩性和造壁性滤失系数有关；t 为施工时间，min；$\tau(x)$ 为 t 时刻压裂液到达裂缝内部 x 处所用的时间，min；t 时刻裂缝 x 处的横截面积 $A_j(x, t) = hw_j(x, t)$；$w_j(x, t)$ 为缝宽，m；h 为缝高，m；下标 j 代表缝网中某条分支缝。裂缝中流体流动的连续性方程将在模型求解中对初始假定的流量分布式进行耦合校正。

3.2.2 缝内压力降落方程

基于泊肃叶(Poisenille)理论、兰姆(Lamb)方程和 Nolte 等平板间流体流动的压降分布研究成果,引入类似管道形状因子的参数,认为 t 时刻裂缝内注入压裂液在缝长方向上任一位置 x 处的压降方程可表示为:

$$\frac{\partial p_j(x, t)}{\partial x} = -2^{n+1}\left[\frac{(2n+1)q_j(x, t)}{n\phi_j(n)h}\right]^n \frac{K}{[w_j(x, t)]^{2n+1}}$$

$$(3-4)$$

式中,$\phi_j(n)$ 为裂缝形状因子;n 为幂律型压裂液的流态指数,无因次;K 为幂律型压裂液的稠度系数,$Pa \cdot s^n$;$w_j(x, 0, t)$ 为 t 时刻缝内 x 处横截面上中心处的缝宽。

3.2.3 裂缝动态宽度方程

假设储层足够厚,缝内净压 $p_{net} = p_f(x, t) - \sigma'$,$\sigma' = \sigma + \sigma_n^i$,得到 t 时刻裂缝上任一位置 x 对应的缝宽计算公式为:

$$w_j(x, t) = \frac{2h(1-v^2)}{G}p_{netj}(x, t) \qquad (3-5)$$

式中,$p_{netj}(x, t)$ 为缝内净压力,MPa。

3.2.4 初始条件及边界条件

初始条件:

$$w_j(x, t)\bigg|_{t=0} = 0, \; h_j(x, t)\bigg|_{t=0} = 0, \; A_j(x, t)\bigg|_{t=0} = 0$$

$$(3-6)$$

边界条件:

$$w_j(x, t)\bigg|_{x>L(t)} = 0, \; q(x, t)\bigg|_{x=0} = \frac{Q}{2} = q_0 \qquad (3-7)$$

上述方程与上一章扩展模型,共同组成了致密储层体积压裂缝网扩展理论模型。

3.3 缝网扩展理论模型简化及求解流程

3.3.1 缝内流体压降简化模型

假设水平井各压裂点定流体注入量，并且不考虑滤失的情况。利用立方定律建立缝内流体分布数学模型，注入流体流动的控制方程和物质平衡方程分别表示为：

$$\begin{cases} \dfrac{\partial p}{\partial x} = -\dfrac{12\mu Q}{hw^3} \\ \dfrac{\partial Q}{\partial x} + h\dfrac{\partial w}{\partial t} = 0 \end{cases} \tag{3-8}$$

式中，$\partial p/\partial f$ 为流体流动方向上的压力梯度；μ 为压裂液黏度；h 为缝高；Q 为流量；w 为缝宽。

假设可以把每个裂缝微元的缝内流体压力和阻力均等效为 X 和 Y 两个垂直方向上的分量形式。根据岩石力学及压降理论，缝内压降与岩石性质及地层受到的应力相关。因此，认为天然裂缝缝内流体压降方程可分别表示为：

$$\begin{cases} \mathrm{d}p_{\mathrm{NFy}} = a\dfrac{\mathrm{d}p_0 - b \cdot \Delta\sigma}{\Psi} \\ \mathrm{d}p_{\mathrm{NFx}} = a\dfrac{1 + 0.2\Delta\sigma}{\Psi}\mathrm{d}p_y \end{cases} \tag{3-9}$$

式中，$\mathrm{d}p_0$ 为在无应力差情况下的初始压降；$\mathrm{d}p_{\mathrm{NFy}}$ 和 $\mathrm{d}p_{\mathrm{NFx}}$ 分别为天然裂缝微元在 Y 和 X 方向上的压降；a 和 b 分别为常数，取 34 和 0.01；ψ 为岩石脆性指数。

对于水力裂缝而言，其缝内流体压降要远小于天然裂缝缝内流体压降程度。因此，水力压裂裂缝缝内流体压降方程可分别表示为：

$$\begin{cases} \mathrm{d}p_{\mathrm{HFy}} = a \dfrac{\mathrm{d}p_{\mathrm{NFy}} - \mathrm{d}p_s}{\Psi} \\ \mathrm{d}p_{\mathrm{HFx}} = a \dfrac{\mathrm{d}p_{\mathrm{NFx}} - \mathrm{d}p_s}{\Psi} \end{cases} \qquad (3\text{-}10)$$

式中，$\mathrm{d}p_{\mathrm{HFy}}$ 和 $\mathrm{d}p_{\mathrm{HFx}}$ 分别为水力裂缝微元在 y 和 x 方向上的压降；$\mathrm{d}p_s$ 为水力裂缝与天然裂缝初始压降差。

式（3-10）仅适用于单一水力裂缝扩展的情况。在多条水力裂缝扩展过程中，存在相邻裂缝相互作用及干扰现象，并且裂缝间距离越近，这种干扰现象越严重，即应力阴影效应。在这种情况下，多段压裂水平井压裂裂缝扩展过程中，缝内流体压降方程可改写为与裂缝间距有关的函数形式：

$$\begin{cases} \mathrm{d}p_{\mathrm{HFy}}[i] = \mathrm{d}p_{\mathrm{HFy}}, \ \mathrm{d}p_{\mathrm{HFx}}[i] = \mathrm{d}p_{\mathrm{HFx}} \quad (i = 1 \ \text{or} \ i = n) \\ \mathrm{d}p_{\mathrm{HFy}}[i] = \dfrac{D_0}{\max(D_{i-1,\,i},\ D_{i,\,i+1})}\mathrm{d}p_{\mathrm{HFy}}, \\ \mathrm{d}p_{\mathrm{HFx}}[i] = \dfrac{D_0}{\max(D_{i-1,\,i},\ D_{i,\,i+1})}\mathrm{d}p_{\mathrm{HFx}} \quad (i = 2,\ 3\cdots\cdots n - 1) \end{cases}$$

$$(3\text{-}11)$$

式中，$\mathrm{d}p_{\mathrm{HFy}}[i]$ 和 $\mathrm{d}p_{\mathrm{HFx}}[i]$ 为第 i 个水力裂缝微元在 y 和 x 方向上的压降；D_0 为应力阴影可被忽略的极限段间距；$D_{i,i+1}$ 为第 i 与 $i+1$ 个水力裂缝之间的距离；n 为压裂射孔数。

3.3.2 模型求解步骤及流程图

致密油藏体积压裂缝网扩展模型是基于改进的位移不连续方法、考虑多裂缝干扰的组合应力场分布和三种裂缝扩展力学判别模式、裂缝变步长扩展，由参数输入系统、多裂缝轨迹求解系统、人工裂缝扩展系统和天然裂缝扩展系统四部分组成，可用于直井或水平井体积压裂的缝网模拟计算。其数值求解流程如图3-4所示，求解具体步骤如下所述：

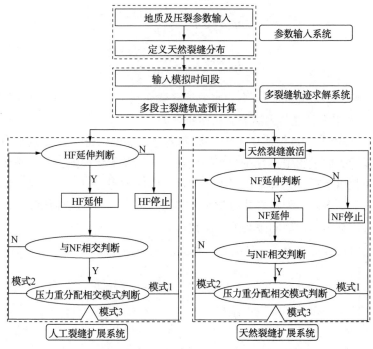

图3-4　体积压裂缝网扩展程序流程图

（1）输入研究区范围及储层岩石力学参数，包括研究区 X、Y 方向范围、地层厚度，岩石弹性模量、泊松比、抗张强度、断裂韧度和初始最大、最小水平主应力。

（2）定义天然裂缝，包括天然裂缝方位、长度、纵横间距和分布模式，模拟得到预设在地层中的天然裂缝分布结果。

（3）输入水力压裂参数，包括施工初始压力和射孔点位置。

（4）模拟无天然裂缝条件下水力裂缝扩展轨迹，计算下一时间步水力裂缝步长、应力强度因子及开裂角，确定该时间步内裂缝扩展达到的具体节点位置。

（5）在时步更新之前，需要考虑水力裂缝延伸判定条件，用该时刻的水力裂缝尖端方位、缝内压力值和附加应力场为已知条件，更新地层中组合地应力场分布。

（6）将得到的节点压力带入起裂判定方程，判断裂缝是否继续扩展。若满足条件则进入下一时步，并计算裂缝动态步长，重复步骤(4)~(5)，否则停止扩展，最终模拟计算得到多段水力裂缝的延伸预设路径。

（7）根据水力裂缝预计算轨迹，考虑天然裂缝系统及缝内流体分布，根据初始施工压力及水力裂缝压降方程，计算下一时间步水力裂缝步长及延伸角度，判断主裂缝与天然裂缝是否相交。若相交则进行扩展模式判别，利用压力连续准则重新分配交汇点处压力，将得到的节点处的压力代入缝宽方程可求解不同节点处的缝宽。

（8）将前面求得的水力裂缝几何尺寸和初始流量分布代入水力裂缝 X、Y 方向上的压降方程，计算可得到水力裂缝节点处的新的压力值。

（9）天然裂缝与天然裂缝之间的相交判断，若相交则进行扩展模式判别，压力重新分配，将得到的节点处的压力代入缝宽方程可求解不同节点处的缝宽。

（10）将前面求得的天然裂缝几何尺寸和初始流量分布代入天然裂缝 X、Y 方向上的压降方程，计算可得到天然裂缝节点处的新的压力值。

（11）考虑裂缝延伸判定条件，判定水力裂缝和天然裂缝是否会在下一个时刻继续扩展。若满足条件则进入下一时步，并计算裂缝动态步长及动态延伸角，重复步骤(7)~(10)，直至水力裂缝和天然裂缝均停止扩展。

3.4　体积压裂缝网表征及扩展规律分析

目前，多采用弹性模量和泊松比反映致密岩石脆性，认为弹性模量和泊松比可以较好地反映岩石在应力作用和微裂缝形成时的破坏能力。致密岩石产生裂缝后，泊松比可以反映应力的变化，弹性模量反映维持裂缝扩展的能力。岩石脆性指数表达式为：

$$\psi = \frac{(0.6895E - 28v - 1)}{14} \times 100 + 80 \qquad (3-12)$$

为了分析不同因素对体积压裂缝网形态的影响，可通过定义以下四个特征参数来表征裂缝网络形态。

（1）改造区带长：

$$AB_L = \frac{1}{N} \sum_{i=1}^{N} B_{L(i)} \qquad (3-13)$$

式中，AB_L 为平均带长，m，反映主裂缝延伸能力；N 为压力段数。

（2）改造区带宽：

$$AB_w = \frac{1}{N} \sum_{i=1}^{N} B_{w(i)} \qquad (3-14)$$

式中，AB_w 为平均带宽，m，反映分支缝横向延伸程度。

（3）改造区面积：

$$A = \sum_{i=1}^{N} A_{(i)} \qquad (3-15)$$

式中，A 为改造区面积，m^2，综合反映形成缝网的难易程度。可通过 Delaunay 三角网凸包插值算法计算体积压裂水平井每段的改造区面积。

（4）改造区平均裂缝宽度：

$$AF_w = \frac{1}{HE + NE} \sum_{i=1}^{HE} \sum_{j=1}^{NE} F_{w(ij)} \qquad (3-16)$$

式中，AF_w 为平均裂缝宽度，m，反映缝网平均导流能力和形成主、次裂缝总长度的相对比例；HE 为水力裂缝扩展微元总数；NE 为激活的分支裂缝扩展微元总数。

　　模拟计算选用的致密储层基础地质参数见表3-1，体积压裂施工参数见表3-2。根据建立的缝网扩展理论模型及数值求解方法，模拟致密油藏水平井体积压裂复杂裂缝网络的形成过程，分析致密储层地质因素及体积压裂施工参数对裂缝网络形态的影响。

表 3-1　致密储层基础地质参数

地质条件	值
泊松比	0.2~0.25
杨氏模量/GPa	20~25
脆性指数/%	20~50
岩石抗拉强度/MPa	3
岩石断裂韧度/(MPa/m²)	2.21
天然裂缝半长/m	2~8
天然裂缝间距/m	8~20
水平应力差/MPa	0~15
油层厚度/m	10

表 3-2　致密油藏体积压裂基础参数

施工参数	值
水平井段长度/m	150~400
Y方向射孔坐标/m	0
压裂段数	1~3
段间距/m	50~180
簇间距/m	20
接触角/(°)	-90~90
裂缝微元长度/m	0.2
井底压力/MPa	10~40

3.4.1 岩石脆性指数对缝网的影响

岩石具有脆性特征，是实现缝网改造的物质基础。为了评价岩石脆性指数对缝网扩展形态的影响，利用储层岩石不同泊松比和杨氏模量设计脆性指数分别为 20%、30%、40%、50% 四种方案进行直井体积压裂缝网扩展模拟计算。其他主要参数为：水平应力差 5MPa，初始井底施工压力 25MPa，天然裂缝均匀交错分布，天然裂缝长度 8m、间距 10m、角度 45°～90°随机分布。模拟得到不同脆性指数下的缝网扩展形态(图 3-5)和不同脆性指数下的改造区带长和改造面积，改造区带宽和平均裂缝宽度对比曲线(图 3-6)。

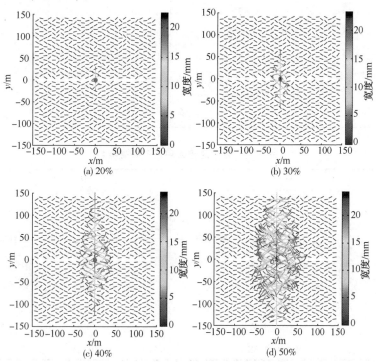

图 3-5　不同脆性指数下的缝网扩展形态

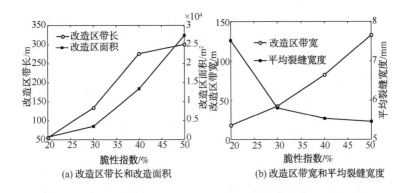

图 3-6　不同脆性指数下的改造区带长和改造面积、
改造区带宽和平均裂缝宽度对比曲线

　　从不同脆性指数下的缝网扩展形态和特征参数曲线图中可以看出，致密储层岩石的脆性对其变形性质影响显著，脆性较强，容易在外力作用下形成天然裂缝和诱导裂缝；脆性指数越大，越容易产生网络裂缝，形成的裂缝网络也就越复杂，表现在改造区带长、带宽和改造面积的增大，平均裂缝宽度降低。

3.4.2　水平主应力差对缝网的影响

　　致密储层水平方向上最大、最小主应力差值是形成复杂缝网的主要控制因素之一，为了揭示储层水平应力差对体积压裂缝网扩展形态的影响，设计地层水平应力差分别为无应力差、5MPa、10MPa、15MPa 四种方案进行直井体积压裂缝网扩展模拟计算。其他主要参数为：脆性指数 40%，初始井底施工压力 25MPa，天然裂缝均匀交错分布，天然裂缝长度 8m、间距 10m、角度 45°~90° 随机分布。模拟得到不同水平应力差下的缝网扩展形态（图 3-7）和不同水平应力差下的改造区带长和改造面积、改造区带宽和平均裂缝宽度对比曲线（图 3-8）。

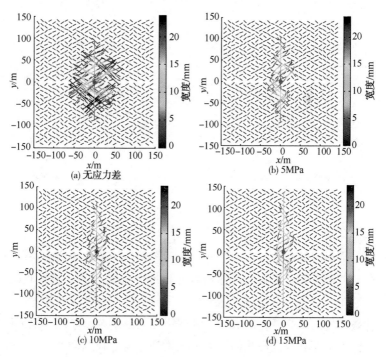

(a) 无应力差　　　　　　　　(b) 5MPa

(c) 10MPa　　　　　　　　(d) 15MPa

图 3-7　不同水平应力差下的缝网扩展形态

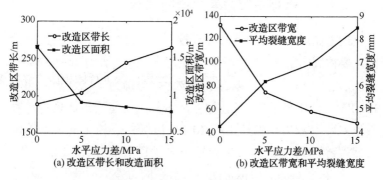

(a) 改造区带长和改造面积　　　(b) 改造区带宽和平均裂缝宽度

图 3-8　不同水平应力差下的改造区带长和改造面积、
改造区带宽和平均裂缝宽度对比曲线

从不同应力差下的缝网扩展形态和特征参数曲线图中可以看出，致密储层应力差对缝网扩展形态影响显著，且应力差越小，缝网带宽和增产改造面积越大，越有利于较复杂缝网的形成。

（1）无应力差情况下，由于 x、y 方向水平应力相同，被激活后的天然裂缝延伸过程中不发生转向，这样容易在带宽方向上沟通更多的天然裂缝，产生较大的缝网带宽，分支缝错综复杂形成的裂缝网络最复杂，这种情况水力裂缝容易只沿着强度较弱的天然裂缝面延伸，形成的缝网带长较短，但缝网改造区面积最大，平均裂缝宽度最低。

（2）当存在应力差时，应力差越大，导致被激活后的天然裂缝延伸过程中产生的分支缝延伸转向角度越大，分支缝在较小范围内达到主应力方向，缝内压力递减较快，使分支缝继续扩展或起裂较困难，形成的缝网带宽越小，当应力差足够大时形成近似单一水力压裂裂缝，虽然此时在带长方向上主裂缝的延伸较远，由主裂缝贡献的平均裂缝宽度较大，但其形成的缝网改造区面积较小。

3.4.3 天然裂缝性质对缝网的影响

致密储层普遍存在天然裂缝，是实现缝网改造的前提和基础条件。为了揭示天然裂缝性质对体积压裂缝网扩展形态的影响，分别设计不同天然裂缝长度（4m、8m、12m、16m）、间距（8m、12m、16m、20m）和角度（0°~30°、30°~45°、45°~60°、60°~90°）各四种方案进行直井体积压裂缝网扩展模拟计算。其他主要参数为：脆性指数 40%，初始井底施工压力 25MPa，天然裂缝均匀交错分布。模拟得到不同天然裂缝长度、间距和角度下的体积压裂缝网扩展形态（图 3-9、图 3-11、图 3-13），以及不同天然裂缝长度、间距和角度下的改造区带长和改造面积、改造区带宽和平均裂缝宽度对比曲线（图 3-10、图 3-12、图 3-14）。

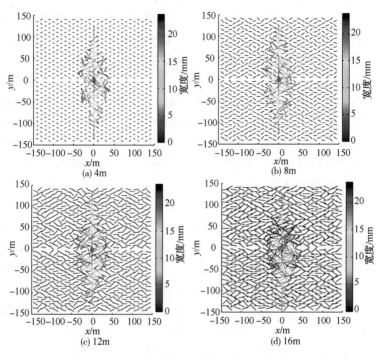

图 3-9　不同天然裂缝长度下的缝网扩展形态

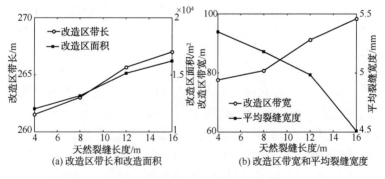

图 3-10　不同天然裂缝长度下的改造区带长和改造面积、
改造区带宽和平均裂缝宽度对比曲线

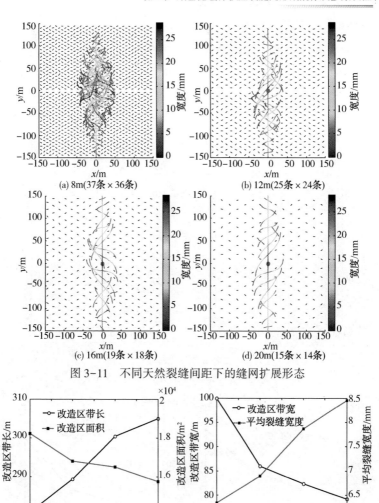

(a) 8m(37条×36条)

(b) 12m(25条×24条)

(c) 16m(19条×18条)

(d) 20m(15条×14条)

图 3-11 不同天然裂缝间距下的缝网扩展形态

(a) 改造区带长和改造面积

(b) 改造区带宽和平均裂缝宽度

图 3-12 不同天然裂缝间距下的改造区带长和改造面积、
改造区带宽和平均裂缝宽度对比曲线

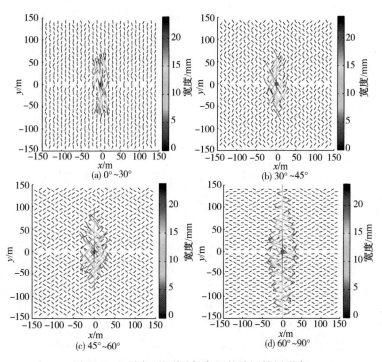

图 3-13 不同天然裂缝倾角下的缝网扩展形态

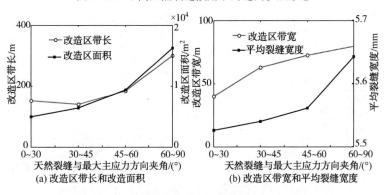

(a) 改造区带长和改造面积

(b) 改造区带宽和平均裂缝宽度

图 3-14 不同天然裂缝倾角下的改造区带长和改造面积、
改造区带宽和平均裂缝宽度对比曲线

从天然裂缝属性下的缝网扩展形态和特征参数曲线图中可以看出，致密储层天然裂缝长度越长、裂缝间距越小且分布角度越大时，体积压裂越有利于沟通并激活更多缝网带宽方向上的天然裂缝，形成较复杂的裂缝网络系统。

3.4.3.1 天然裂缝长度对缝网形态的影响分析

天然裂缝长度对天然裂缝转向延伸产生分支缝的延伸角度和缝内净压力有一定影响。天然裂缝长度越大，虽然缝网压力损失越大，但可以使改造区内缝网复杂程度越高，缝网带长、带宽和改造面积越大，由于产生大量的分支缝，缝网平均裂缝宽度越小。

3.4.3.2 天然裂缝间距对缝网形态的影响分析

（1）天然裂缝间距越大，虽然可以使主裂缝压力损失较少而保持较长的缝网带长，但改造区缝网复杂程度低，难以形成相互沟通的裂缝网络。

（2）天然裂缝间距越小，水力裂缝越容易沟通更多的天然裂缝，虽然在带长方向上有一定的压力损失，但缝网带宽和改造面积越大，容易形成较复杂的裂缝网络系统。

3.4.3.3 天然裂缝分布角度对缝网形态的影响分析

（1）天然裂缝分布角度在 $0° \sim 30°$ 范围内随机分布时，由于水力裂缝与天然裂缝夹角较小，初期由于缝内压力较高，满足力学条件较高的模式3，之后由于天然裂缝与主应力方向夹角较小，主裂缝内流体大多流入天然裂缝及其分支缝，主裂缝内压力迅速下降，只能满足模式1的力学扩展条件，即水力裂缝沿天然裂缝转向延伸，但未能穿过天然裂缝。因此，这种情况下形成的缝网带长、带宽、面积和平均缝宽均最小。

（2）随着天然裂缝分布角度的增大，被激活的天然裂缝扩展角度也相应增加，缝网带宽增大，且缝内压力损失较少，水力主裂缝不仅能激活天然裂缝并产生分支缝，还能穿过天然裂缝继续延伸。

3.4.4　天然裂缝分布对缝网的影响

实际致密储层中天然裂缝是随机分布的，这就给压裂施工带来很多的不确定性因素。为了从理论上对比分析致密储层天然裂缝分布方式对水平井体积压裂缝网形成的影响规律，分别设计四种不同的天然裂缝分布方式(无天然裂缝、均匀正对分布、均匀交错分布、随机分布)，且保持后三种天然裂缝分布方式中天然裂缝总数相同。其他主要地质及压裂施工参数为：岩石脆性指数40%，水平主应力差为5MPa，天然裂缝长度为8m、间距为10m，水平井压裂3段，段间距为120m，各射孔点初始施工压力均为25MPa，采用同步压裂方式。模拟计算得到不同天然裂缝分布方式下的致密储层水平井体积压裂缝网扩展形态，如图3-15所示。以及不同天然裂缝分布方式下的改造区平均缝网带长和改造面积、改造区平均缝网带宽和平均裂缝宽度对比曲线，如图3-16所示。

从不同天然裂缝分布方式下体积压裂缝网扩展形态和特征参数曲线图中可以看出：

(1) 受多裂缝应力阴影效应的影响，多段水力裂缝扩展过程中，两端裂缝在某时刻将发生转向，向着远离中间裂缝的方向偏转，而中间裂缝由于受力平衡延伸方向不变。

(2) 对于无天然裂缝的地层，由于水力裂缝没有遭遇天然裂缝时的压力损失，水力裂缝扩展距离最长，且平均裂缝宽度最大，但未形成缝网带宽和有效改造面积。

(3) 当天然裂缝总数相同时，不同天然裂缝分布方式对体积压裂缝网特征参数影响不大。天然裂缝均匀交错分布时形成的缝网改造区平均带长、带宽和改造面积均略大于正对分布时的缝网特征参数；而随机分布时由于受天然裂缝分布的影响，各压裂段形成的裂缝网络大小不一、形态各异。

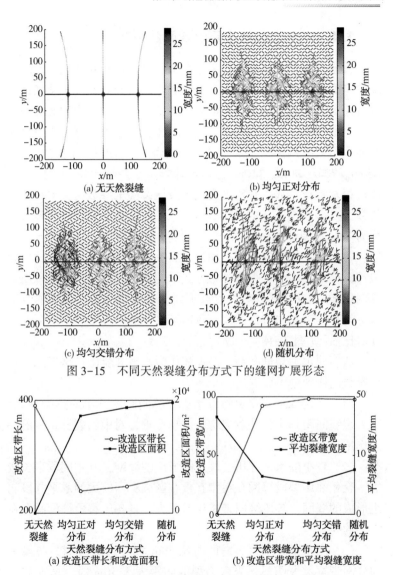

图 3-15 不同天然裂缝分布方式下的缝网扩展形态

图 3-16 不同天然裂缝分布方式下的改造区带长和改造面积、
改造区带宽和平均裂缝宽度对比曲线

3.4.5 水力裂缝间距对缝网的影响

在水平井分段压裂过程中，多级裂缝间的相互作用对裂缝周围的应力转向有很大的影响，裂缝间距太小会导致成本增加，裂缝间距太大又会形成段间死油区。因此，如何确定合理裂缝间距是一个亟待解决的关键问题。为了对比分析水力裂缝间距对水平井体积压裂缝网形成的影响规律，分别设计四种不同的段间距（50m、70m、90m、110m），模拟计算水平井体积压裂缝网的形成过程及特征参数。其他主要地质及压裂施工参数为：岩石脆性指数34%，水平主应力差为5MPa，天然裂缝均匀交错分布、长度为8m、间距为10m、角度45°～90°随机分布，水平井压裂3段，各射孔点初始施工压力均为30MPa，采用同步压裂方式。模拟计算得到不同天然裂缝分布方式下的致密储层水平井体积压裂缝网扩展形态(图3-17)，以及不同天然裂缝分布方式下的改造区平均缝网带长和改造面积、改造区平均缝网带宽和平均裂缝宽度对比曲线(图3-18)。

从不同水力裂缝间距下的体积压裂水平井缝网扩展形态和特征参数曲线图中可以看出：

（1）多裂缝干扰现象随着水力裂缝间距的减小而影响显著，水力裂缝间距越小，外侧裂缝转向越严重，对中间裂缝扩展的抑制作用越大。

（2）较小的水平井压裂段间距形成的缝网，其中间段带长较短，且相邻压裂段缝网存在相互重叠区域，而较大的水平井段间距形成的缝网，各段缝网带长相差不大，且各压裂段缝网间存在一定的间隙。

（3）当水平井水力裂缝间距从50m增大到70m时，各段平均缝网带宽增大明显，当水力裂缝间距大于70m时，增加裂缝间距对缝网带宽的增大几乎没有影响，70m的段间距形成无重叠且无间隙的水平井裂缝网络系统。

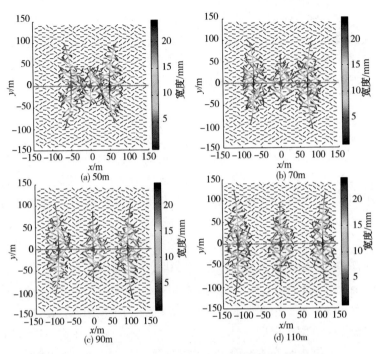

图 3-17 不同分段压裂裂缝间距下的缝网扩展形态

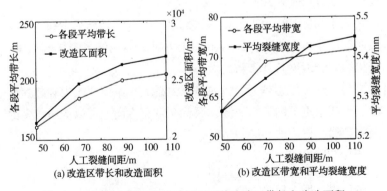

图 3-18 不同分段压裂裂缝间距下的改造区带长和改造面积、
改造区带宽和平均裂缝宽度对比曲线

（4）随着水力裂缝间距的增大，多裂缝间干扰现象减弱，形成的缝网改造区平均带长、带宽和改造面积先快速增大、后趋于平缓。因此，综合考虑技术及经济因素，致密储层水平井体积压裂存在合理的水力压裂段间距。

3.4.6 压裂施工压力对缝网的影响

为了对比分析压裂施工压力对水平井体积压裂缝网形成的影响规律，分别设计四种不同的施工压力（10MPa、20MPa、30MPa、40MPa），模拟计算水平井体积压裂缝网的形成过程及特征参数。其他主要地质及压裂施工参数为：岩石脆性指数34%，水平主应力差为5MPa，天然裂缝均匀交错分布、长度为8m、间距为10m、角度45°~90°随机分布，水平井压裂3段，分段压裂裂缝间距120m，各射孔点初始压裂施工压力相等，采用同步压裂方式。模拟计算得到不同施工压力下的致密储层水平井体积压裂缝网扩展形态(图3-19)，以及不同施工压力下的改造区平均缝网带长和改造面积、改造区平均缝网带宽和平均裂缝宽度对比曲线(图3-20)。

从不同施工压力下的体积压裂水平井缝网扩展形态和特征参数曲线图中可以看出：压裂施工压力对裂缝网络形态影响巨大，直接决定着缝网特征参数的大小。

（1）施工压力越大，缝内净压力越大，不仅使水力裂缝在纵向上激活了更多的天然裂缝，而且在带宽方向上可以沟通较多的天然裂缝，形成的裂缝网络形态越复杂。

（2）施工压力越大，形成的裂缝网络带长、带宽、改造面积和平均裂缝宽度均近似线性增大；但在较大的施工压力下，各压裂段缝网接近并产生重叠部分，且平均缝网带长增加缓慢，导致缝网有效改造面积增大不明显。

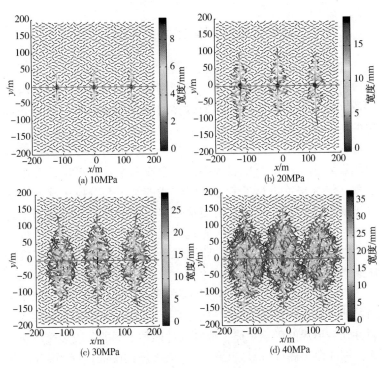

图 3-19 不同施工压力下的缝网扩展形态

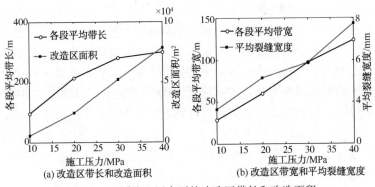

图 3-20 不同施工压力下的改造区带长和改造面积、
改造区带宽和平均裂缝宽度对比曲线

3.4.7 分段多簇压裂对缝网的影响

随着水平井改造技术及压裂设备工具的不断进步，水平井的改造段数和规模越来越多，且利用分簇射孔将水平井分段压裂段间距设计得越来越近，但过多的分段和分簇未必就带来理想的压裂增产效果。Fisher 等基于北美 Barnett 页岩储层 11 口分段多簇压裂水平井微地震监测分析，认为由于存在多裂缝应力阴影效应，在一个压裂段内，一个或两个射孔簇优于三个或更多；潘林华等进行了考虑簇间干扰的水平井分段多簇压裂裂缝扩展数值模拟，结果表明当水平井分段多簇压裂的簇间距过小时，中间射孔簇形成的水力裂缝基本没有被压开，只形成了很短的压裂裂缝，结合产量监测结果，认为并没有形成有效的压裂裂缝。

近年来，水平井分段多簇压裂技术被广泛应用于我国鄂尔多斯盆地长庆油田等非常规油气储层。为了揭示水平井分段多簇压裂方式对形成的影响规律，分别设计四种不同的分段多簇压裂方式，即 3 段 1 簇(60m 段间距)、3 段 2 簇(100m 段间距+20m 簇间距)、3 段 3 簇(140m 段间距+20m 簇间距)和 3 段 4 簇(180m 段间距+20m 簇间距)，模拟计算水平井体积压裂缝网的形成过程及特征参数。其他主要地质及压裂施工参数为：岩石脆性指数 34%，水平主应力差为 5MPa，天然裂缝均匀交错分布、长度为 8m、间距为 10m、角度 45~90°随机分布，水平井压裂 3 段，分段压裂裂缝间距 120m，各射孔点初始压裂施工压力均为 30MPa，采用同步压裂方式。模拟计算得到不同施工压力下的致密储层水平井体积压裂缝网扩展形态(图 3-21)，以及不同施工压力下的改造区平均缝网带长和改造面积、改造区平均缝网带宽和平均裂缝宽度对比曲线(图 3-22)。

从不同水平井分段多簇压裂方式下缝网扩展形态和特征参数曲线图中可以看出：

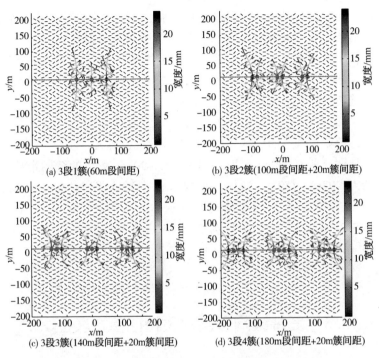

(a) 3段1簇(60m段间距)

(b) 3段2簇(100m段间距+20m簇间距)

(c) 3段3簇(140m段间距+20m簇间距)

(d) 3段4簇(180m段间距+20m簇间距)

图 3-21　不同分段多簇压裂方式下的缝网扩展形态

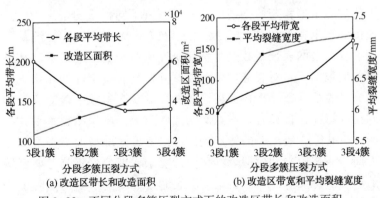

(a) 改造区带长和改造面积

(b) 改造区带宽和平均裂缝宽度

图 3-22　不同分段多簇压裂方式下的改造区带长和改造面积、
改造区带宽和平均裂缝宽度对比曲线

85

（1）不管是单簇或多簇射孔，水平井两端裂缝转向最严重，且形成的水力裂缝长度最长；当每个压裂段的射孔簇大于 3 个时，中间一簇由于受两边裂缝应力干扰，只延伸了很短的距离，未沟通更多的天然裂缝，并且簇数越多，每段射孔簇两端的水力裂缝转向越严重，且延伸距离较短。

（2）每个压裂段的射孔簇数越多，形成的裂缝网络带长越小，带宽和改造面积越大，平均裂缝宽度也越大。四种方案水平段长度分别为 120m、220m、320m 和 420m，形成的缝网带长分别为 202m、159m、141m 和 143m，带宽分别为 58m、90m、105m 和 162m，平均裂缝宽度分别为 6.0mm、6.9mm、7.1mm 和 7.2mm，改造面积分别为 $2.45\times10^4\text{m}^2$、$3.30\times10^4\text{m}^2$、$3.96\times10^4\text{m}^2$ 和 $6.05\times10^4\text{m}^2$。

3.5 复杂缝网多重介质特征参数表征

尽管体积压裂缝网扩展理论模型是在一定简化条件的假设下建立起来的，与所描述的实际过程有不同程度的偏离，但其模拟的结果完全可以用于指导压裂施工设计方案的制定及实施。复杂缝网表征参数是衡量和研究压后裂缝网络最基础和最重要的数据，它对裂缝性致密油藏开发具有决定性的作用。所谓缝网表征参数是指在描述缝网特征的众多参数中最能表示缝网统计特征，且具有定量意义的那些参数。体积压裂水平井缝网多重孔隙介质模型的特点是，可以考虑区域最大水平主应力方向，能够控制和模拟天然裂缝的复杂程度，可充分考虑储层的非均质特征。体积压裂主、次裂缝形成的复杂缝网同时融合在基质块与天然裂缝块系统中，整个储层被压裂缝网分为改造区和未改造区两个部分（图 3-23），即把改造区内部看成是基质、天然裂缝和人工裂缝网络的多重孔隙介质系统，而将未改造区认为是基质和天然裂缝双重介质系统。综合上述缝网特征分析，认为基质–天然裂缝–网络裂缝组成的体积压裂缝网系统可由缝网带长、带宽、油藏改造体积和缝网导流能力等七项参数来表征。

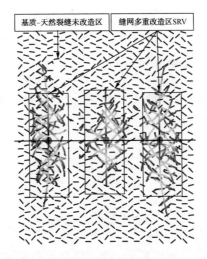

图 3-23　体积压裂水平井缝网多重孔隙介质模型

3.5.1　缝网带长

将垂直于主应力方向上的两条缝网改造边界之间的距离定义为带长 L，缝网第 i 级主裂缝长度定义为缝网第 i 级带长 $[B_L]$，见式(3-13)。

3.5.2　缝网带宽

将平行于主应力方向上的两条缝网改造边界之间的距离定义为带宽 B_w，缝网第 i 级单条次裂缝延伸长度定义为缝网第 i 级带宽 $[B_w]$，见式(3-14)。

3.5.3 油藏改造体积

体积压裂实现了储层在长、宽、高三维方向的全面改造，将储层改造产生的缝网体积用一个三维的箱体体积来近似表征，定义体积压裂水平井的油藏改造体积为改造面积与储层厚度的乘积，根据式（3-15），得到：

$$SRV = A \cdot H \tag{3-17}$$

3.5.4 缝网导流能力

裂缝导流能力是指裂缝宽度与裂缝渗透率的乘积。缝网导流能力可分为主裂缝导流能力 $C_{f(1)}$ 和改造区内次裂缝导流能力 $C_{f(2)}$，其表达式为：

$$\begin{cases} C_{f(1)} = \dfrac{1}{HE} \sum_{i=1}^{HE} F_{w(i)} K_{f(i)} \\ C_{f(2)} = \dfrac{1}{NE} \sum F_{w(j)} K_{f(j)} \end{cases} \tag{3-18}$$

式中，$K_{f(i)}$、$K_{f(j)}$ 分别代表主、次裂缝微元在宽度为 $F_{w(i)}$ 和 $F_{w(j)}$ 下的渗透率。

3.5.5 块度系数

定义基质岩块的几何尺寸为 L_x、L_y 和 L_z，则基质块尺度系数（简称块度系数）表达式为：

$$\alpha = \frac{4}{L_x^2} + \frac{4}{L_y^2} + \frac{4}{L_z^2} \tag{3-19}$$

式中，α 为块度系数，m^{-2}；L_x、L_y 和 L_z 分别表示 x、y 和 z 方向裂缝间的距离，是裂缝切割形成的基质块的平均尺寸，m。若将基质块视为边长为 L 的立方体，则块度系数与基质块尺寸的关系式简化为：$\alpha = 12L^{-2}$。

3.5.6 窜流系数

窜流系数表示未改造区双重孔隙储层中天然裂缝系统与基质岩块系统之间流体交换的难易程度，其表达式为：

$$\lambda(p) = \alpha \frac{K_m e^{-\alpha_{k_m}(p_i-p)}}{K_n e^{-\alpha_{k_n}(p_i-p)}} L^2 \qquad (3-20)$$

式中，K_m、K_n 分别为储层基质和天然裂缝的渗透率，$10^{-3} \mu m^3$；α_{k_m}、α_{k_n} 分别为基质和天然裂缝的介质变形系数；p_i、p 分别为原始地层压力和现地层压力，MPa。

3.5.7 弹性储容比

弹性储容比定义为天然裂缝或网络裂缝的弹性储存能力与油藏总的弹性储存能力之比，用来描述天然裂缝或网络裂缝与基质孔隙两个系统的弹性储容能力的相对大小，其表达式为：

$$\begin{cases} \omega_n(p) = \dfrac{\phi_n e^{-\alpha_{\phi_n}(p_i-p)} C_n}{\phi_m e^{-\alpha_{\phi_m}(p_i-p)} C_m + \phi_n e^{-\alpha_{\phi_n}(p_i-p)} C_n} \\ \omega_f(p) = \dfrac{\phi_f e^{-\alpha_{\phi_f}(p_i-p_f)} C_f}{\phi_m e^{-\alpha_{\phi_m}(p_i-p)} C_m + \phi_n e^{-\alpha_{\phi_n}(p_i-p)} C_n} \end{cases} \qquad (3-21)$$

式中，ϕ_m、ϕ_n、ϕ_f 分别为基质、天然裂缝和网络裂缝的孔隙度；p_f 为网络裂缝缝内压力，MPa；α_{ϕ_m}、α_{ϕ_n}、α_{ϕ_f} 分别为基质、天然裂缝和网络裂缝的孔隙度伤害系数；C_m、C_n、C_f 分别为基质、天然裂缝和网络裂缝的综合压缩系数，MPa^{-1}。

3.6 小 结

描述与表征体积压裂裂缝网络的几何形态，对致密储层水平井体积压裂优化设计和合理施工方案制定具有重要的意义，为揭示压后水平井渗流规律及产能预测提供必要的基础物理模型。

（1）提出了考虑应力阴影效应的组合应力场计算模型和缝内流体分布数学模型，完善了致密油藏体积压裂水平井缝网扩展理论模型，模拟了致密油藏复杂缝网的形成过程，结果不仅能够反映体积压裂复杂缝网的最终形态，还用于可计算其结构特征参数。

（2）对于致密储层体积压裂产生的裂缝网络而言，最终的形态是由地质条件和施工参数共同决定的。不同的地质或施工条件会形成不同的缝网改造模式。一定的地质条件（较强的岩石脆性、较小的水平应力差、较发育的天然裂缝、一定的天然裂缝长度及方位）和压裂施工条件（较小的段间距、较大的施工压力、较多的压裂簇数）都有利于形成复杂的裂缝网络。对于确定的致密油藏开发区块，考虑经济因素后，则存在最优的压裂施工参数，使体积压裂施工方案更加合理。

（3）体积压裂后的致密储层可分为改造区和未改造区，改造区的裂缝网络系统是由基质、天然裂缝和网络裂缝的多重孔隙介质系统共同组成的，其结构特征可由带长、带宽、SRV 和缝网导流能力等七项参数表征。

第4章　基于改造模式的致密油藏体积压裂水平井动态分析

致密油藏具有岩性致密、孔喉细微、渗流阻力大等特点，存在启动压力梯度与介质变形特征。水平井体积压裂作为经济有效开发致密油藏的关键技术，其增产机理是使主裂缝与多级次生裂缝交织形成裂缝网络，最大限度增加了储层改造体积(SRV)，有效地减小了流体向裂缝的渗流距离。微地震裂缝监测资料显示当压裂裂缝间距较大时，人工裂缝间仍存在未被改造区。本章在总结致密储层流体流动规律与缝网改造模式的基础上，建立了考虑启动压力的基质系统、符合达西渗流的天然裂缝系统和基于离散裂缝模型(DFM)的缝网改造系统的多重介质不稳定渗流数学模型，利用有限元数值方法对模型进行了耦合求解，并根据鄂尔多斯盆地致密油藏实际地质参数及裂缝监测数据，验证了该数值算法的准确性，分析了致密油藏体积压裂水平井的不稳定渗流规律及产能特征。

致密油藏体积压裂水平井单井不稳定渗流规律及产能特征研究思路：①体积压裂水平井单井多重介质不稳定渗流数学模型建立(基于不同缝网形态及改造区流动特征，建立体积压裂水平井单井不稳定渗流数学模型)；②体积压裂水平井渗流模型有限元数值求解(对建立的数学模型进行有限元求解，得到定产量和定井底流压情况下体积压裂水平井的不稳定压力及产量)；③模型验证及动态分析(与常规分段压裂水平井双孔单渗渗流 Zerzar 模型解析解进行对比，根据不同时刻的压力响应对体积压裂水平井进行渗流阶段的划分，进行各流动阶段特征分析，并分析不同改造模式下的产能特征)。

4.1 基于改造模式的体积压裂水平井物理模型

4.1.1 体积压裂改造模式分析

Stalgorova 等提出的"五区模型(Five-region Model)"和苏玉亮等提出的"复合流动模型(Composite Flow Model)",均认为体积压裂水平井主裂缝改造段与段之间存在未改造区域,故认为体积压裂水平井整个油藏区域是由三个部分组成,即含有储层基质-天然裂缝(未改造)区、次裂缝(改造)区及主裂缝(改造)区。基于鄂尔多斯盆地某致密油藏 H1 水平井体积压裂微地震监测资料解释结果(图 4-1),认为一般体积压裂微地震事件带普遍具有以下三种改造模式的特征,即存在间隙(阶段 1 与阶段 2)、存在重叠区域(阶段 2 与阶段 3)和无重叠且无间隙(阶段 3 与阶段 4)。

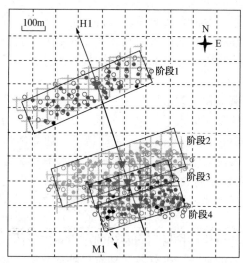

图 4-1 致密油藏 H1 水平井体积压裂微地震监测云图

4.1.2 物理模型及其假设条件

基于以上水平井体积压裂改造模式分析,建立盒状致密油藏内体积压裂水平井物理模型(图4-2)。该模型存在未改造区,改造区由正交、双翼对称裂缝网络(主裂缝+次生裂缝)组成,未改造区由基质-天然裂缝系统组成。

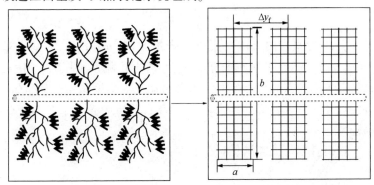

(a) 体积压裂水平井　　　　　　　　　　(b) 简化物理模型

图 4-2　物理模型示意图

假设条件:①盒状封闭油藏($x_e \times y_e \times h_e$)各向同性,存在天然裂缝;②岩石和流体为微可压缩,多重介质系统中同时存在基质内部的非线性流动、裂缝内的达西渗流以及基质与裂缝间的拟稳态窜流;③油藏中部一口体积压裂水平井长 L,压裂段数为 N,段间距为 Δy_f,裂缝穿透整个储层厚度,每段改造后缝网带长、带宽均为 a、b,人工裂缝为有限导流;④定产量时可得到井底压力动态,定井底压力可得到不稳定产量;⑤渗流过程等温且不考虑重力影响。

4.2 多重孔隙介质系统不稳定渗流数学模型

根据物理模型及假设条件,建立考虑启动压力梯度与介质

(孔隙和流体)变形的基质系统、符合达西渗流的天然裂缝系统和网络裂缝系统的多重孔隙介质渗流数学模型。

4.2.1　基质–天然裂缝系统渗流方程

基质中流体满足非线性渗流方程:

$$v_m = -\frac{K_m}{\mu}(\nabla p_m - \chi) \qquad (4-1)$$

式中, v_m 为基岩内流体渗流速度张量, 10^{-3} m/s; K_m 为基岩渗透率, μm^2; ∇ 为哈密顿算子; p_m 为基岩孔隙系统压力, MPa; μ 为流体黏度, mPa·s; χ 为基岩启动压力梯度张量, MPa/m; 由假设条件令 $\chi = \chi E$, 其中 χ 为基岩启动压力梯度, E 为单位矩阵。

岩石骨架与流体满足状态方程:

$$\phi = \phi_0 e^{-C_p(p_i - p_m)} \qquad \rho = \rho_0 e^{-CL(p_i - p_m)} \qquad (4-2)$$

式中, ϕ、ϕ_0 分别为基质孔隙度与原始地层孔隙度, %; ρ、ρ_0 分别为流体密度与原始流体密度, kg/m^3; C_P、C_L 分别为孔隙和流体的压缩系数, MPa^{-1}; p_i 为原始地层压力, MPa。

单相可压缩流体满足连续性方程:

$$\nabla \cdot (\rho v_m) + \rho q_m = -\frac{\partial(\rho \phi)}{\partial t} \qquad (4-3)$$

式中, q_m 为单位孔隙体积源/汇处液体的体积流量, s^{-1}。

将方程(4-1)、方程(4-2)代入方程(4-3), 将三维空间中的裂缝面(面源)等效为二维空间中的线(线源)的叠加, 令 $p_0 = p_m$, 整理得到考虑启动压力梯度时基岩中单相微可压缩流体的渗流微分方程:

$$\nabla^2 p_m + C_L[\nabla p_m]^2 - xC_L \nabla \cdot p_m - \frac{\phi_m \mu C_m}{K_m}\frac{\partial p_m}{\partial t} -$$

$$\alpha(p_m - p_n) + \frac{q_m \mu}{K_m}\partial(M - M') = 0 \qquad (4-4)$$

式中，$C_m = C_L + C_P$ 为基质综合压缩系数，MPa^{-1}；α 为基质形状因子，此处取 $12/L_m^2$，其中 L_m 为基质岩块尺寸，m；$\delta(M-M')$ 为 Delta 函数，$M=M'$ 时函数值为 1，否则为 0；p_n 为天然裂缝系统压力，MPa；ϕ_m 为基质孔隙度。

由于渗流压力梯度 ∇p_m 很小，其平方项乘以小量 C_L 后完全可忽略，认为单位孔隙体积源/汇处液体的体积流量 q_m 为 0，因此式(4-4)简化为：

$$\nabla^2 p_m - x C_L \nabla \cdot p_m - \frac{\phi_m \mu C_m \partial p_m}{K_m \partial t} - \alpha(p_m - p_n) = 0 \qquad (4-5)$$

天然裂缝系统满足达西渗流规律，同理可得到天然裂缝系统的控制方程为：

$$\nabla^2 p_m - \frac{\phi_n \mu C_n \partial p_n}{K_n \partial t} + \frac{\alpha K_m}{K_n}(p_m - p_n) + \frac{q_n \mu}{K_n}\delta(M-M') = 0 \qquad (4-6)$$

式中，C_n 为天然裂缝压缩系数，MPa^{-1}；K_n 为天然裂缝渗透率，μm^2；q_n 为单位天然裂缝孔隙体积源/汇处液体的体积流量，s^{-1}；ϕ_n 为天然裂缝孔隙度。

基质-天然裂缝系统的初始条件及边界条件为：

$$\begin{cases} p_m(x,\ y,\ z;\ t=0) = p_n(x,\ y,\ z;\ t=0) = p_i \\ p_n(x,\ y,\ z;\ t) = p_f(x,\ y,\ z;\ t) \\ \dfrac{\partial p_m}{\partial x}\bigg|_{x=x_e} = \dfrac{\partial p_m}{\partial y}\bigg|_{y=y_e} = \dfrac{\partial p_m}{\partial z}\bigg|_{z=z_e} \\ \dfrac{\partial p_n}{\partial x}\bigg|_{x=x_e} = \dfrac{\partial p_n}{\partial y}\bigg|_{y=y_e} = \dfrac{\partial p_n}{\partial z}\bigg|_{z=z_e} \end{cases} \qquad (4-7)$$

式中，p_f 为网络裂缝系统压力，MPa；$z_e = h_e$。

4.2.2 网络裂缝系统渗流方程

网络裂缝作为独立的介质系统，流体在其中的渗流服从达西定律，故其控制方程可表示为：

$$\nabla^2 p_f - \frac{\phi_f \mu C_f}{K_f}\frac{\partial p_f}{\partial t} + \frac{q_f \mu}{K_f}\delta(M-M') = 0 \qquad (4-8)$$

式中，C_f 为网络裂缝压缩系数，MPa^{-1}；K_f 为网络裂缝渗透率，μm^2；q_f 为单位网络裂缝孔隙体积源/汇处液体的体积流量，s^{-1}；ϕ_f 为网络裂缝孔隙度。

渗流过程中网络裂缝与基质、天然裂缝组成的连续接触面上压力处处相等，故初始条件及边界条件为：

$$\begin{cases} p_f(x,\ y,\ z;\ t=0) = p_i \\ p_f(x,\ y,\ z;\ t) = p_m(x,\ y,\ z;\ 0) = p_n(x,\ y,\ z;\ t) \end{cases} \qquad (4-9)$$

4.2.3　渗流方程参数无因次化

定义以下无因次参数：

$$\begin{cases} M_D = M/L \\ M_{eD} = M_e/L \\ a_D = a/L \\ b_D = b/L \end{cases} \qquad (4-10)$$

式中，M_D、M_{eD}、a_D 和 b_D 为无因次距离，$M = x$、y、z。

$$\begin{cases} K_{mD} = \dfrac{K_m}{K_n} \\[2mm] K_{fD} = \dfrac{K_f}{K_n} \end{cases} \qquad (4-11)$$

式中，K_{mD}、K_{fD} 为无因次渗透率。

$$t_D = \frac{K_n t}{\mu L^2 (\phi_m C_m + \phi_n C_n)} \qquad (4-12)$$

式中，t_D 为无因次时间。

$$q_{jD} = q_j / q_{\text{total}} \qquad (4-13)$$

式中，q_{jD} 为无因次产量；下标 $j = n$、f 分别表示天然裂缝和网络裂缝；q_{total} 为流入单位体积井筒内总的液体体积流量，s^{-1}。

$$p_{jD} = \frac{2\pi h_e K_n}{\mu q_j}(p_i - p_j) \qquad (4-14)$$

式中，p_{jD} 为无因次井底压力。

$$\chi_D = \chi C_L L \qquad (4-15)$$

式中，χ_D 为无因次启动压力梯度。

$$\lambda = \alpha L^2 K_{mD} \qquad (4-16)$$

式中，λ 为窜流系数。

$$\begin{cases} \omega_n = \dfrac{\phi_n C_n}{\phi_m C_m + \phi_n C_n} \\[3mm] \omega_f = \dfrac{\phi_f C_f}{\phi_m C_m + \phi_n C_n} \end{cases} \qquad (4-17)$$

式中，$\omega_n 0$ 和 ω_f 分别为天然裂缝和人工网络裂缝的弹性储容比。

将无因次参数带入控制方程及边界条件，整理得到基质-天然裂缝系统无因次渗流模型：

$$\begin{cases} \nabla^2 p_{mD} - x_D \nabla \cdot p_{mD} - (1-\omega_n)\dfrac{\partial p_{mD}}{\partial t_D} - \lambda(p_{mD} - p_{nD}) = 0 \\[3mm] \nabla^2 p_{mD} - \omega_n \dfrac{\partial p_{mD}}{\partial t_D} + \lambda(p_{mD} - p_{nD}) + 2\pi h_{eD} q_{nD} \delta(M - M') = 0 \\[3mm] p_{mD}(x_D, y_D, z_D; t_D = 0) = p_{nD}(x_D, y_D, z_D; t_D = 0) = 0 \\[3mm] \dfrac{\partial p_{sD}}{\partial x_D}\Big|_{x = x_{eD}} = \dfrac{\partial p_{sD}}{\partial y_D}\Big|_{y_D = y_{eD}} = \dfrac{\partial p_{sD}}{\partial z_D}\Big|_{z_D = z_{eD}} = 0 \, (s = m, \ n) \end{cases}$$

$$(4-18)$$

网络裂缝系统无因次渗流数学模型为：

$$\begin{cases} K_{jD} \nabla^2 p_{fD} - \omega_f \dfrac{\partial p_{fD}}{\partial t_D} + 2\pi h_{eD} q_{fD} \delta(M - M') = 0 \\[3mm] p_{fD}(x_D, y_D, z_D; t_D = 0) = 0 \\[3mm] p_{mD}(x_D, y_D, z_D; t_D) = p_{fD}(x_D, y_D, z_D; t_D) \\[3mm] p_{nD}(x_D, y_D, z_D; t_D) = p_{fD}(x_D, y_D, z_D; t_D) \end{cases} \qquad (4-19)$$

4.3 体积压裂水平井渗流模型有限元求解

4.3.1 有限元方法基本原理

有限单元法是求解数理方程的一种数值计算方法，其基本思想是：首先，将一个连续的模拟计算区域离散剖分为有限个互不叠加且互相连接的单元，然后在各单元内指定某些特殊的节点作为区域模型函数求解的插值点，将数学模型微分方程中的变量表示为由所选用的插值函数与各变量或其导数的节点值组成的线性表达式，即在单元内选择适合的基函数，用单元基函数的线形组合来逼近单元中的真实解，这样可以认为是由每个单元基函数组成了整个模拟计算区域上总体的基函数，则可以看作由所有单元上的近似解构成了整个模拟计算域内的解，最后利用加权余量法或变分原理将数学模型微分方程进行离散化求解。常见的有限元计算方法包括有伽辽金法、里兹法和最小二乘法等，构成各类有限元方法的本质区别在于采用不同的插值函数和权函数形式。

根据所采用的插值函数和权函数的不同，有限元方法也分为多种计算格式。常见的有限元计算方法是由加权余量法和变分原理发展而来的伽辽金法、里兹法和最小二乘法。从插值函数的求解精度来讲，可以分为线性、二阶和高次插值函数等；从计算单元网格的形状来看，分为三角形、四边形和多边形网格；从选用的权函数来分，有伽辽金法、矩量法、配置法和最小二乘法，不同的组合方式可以构成不同的有限元计算格式。其中，常用的伽辽金 Galerkin 法是将逼近函数中的基函数作为权函数；配置法是在计算域内选取 N 个配置点，并在配置点上满足方程余量为 0，令近似解在选定的 N 个配置点上严格满足微分方程条件；最小二乘法是令余量本身作为权函数，而对待求系数的平方误差最小作为内积的极小值。最常用的插值函数是多项式插值，可分为两类：一类是哈密特(Hermite)多项式插值，要求插值多项式本身及其导数值在插值点取已知值；另一种是拉格朗日(Lagrange)多项式插值，只要求插值多项式本身在插值点取已知值。单元坐标有无因次自然坐标和笛卡尔直角坐标系，常采用的无因次坐标是一种局部坐标系，它的定义取决于单元的几何形状，一维看作长度比，二维看作面积比，三维看作体积比。有限元方法现在已被广泛应用到各种工程及工业领域，已成为解决数学物理方程的一种普遍方法。

有限单元法分析一般包括离散化、单元分析和整体分析三大部分，其基本思想及求解步骤具体可总结为：

(1) 建立积分方程，有限元法的出发点。积分方程是含有对未知函数的积分运算的方程，根据变分原理或方程余量与权函数正交化原理，建立与微分方程初始值及边界值问题等价的积分表达式。

(2) 区域单元剖分，有限元法的前期准备工作。根据实际模拟区域的形状及求解问题的物理特征，将连续的模拟计算区域剖分为有限个互不叠加且互相连接的离散结构单元，在数学上就是把一个无限自由度的问题转化为有限自由度的问题。区域单元划分不仅需要给节点和计算单元进行编号和确定相互关系，还要给出自然和本质边界的节点序号及边界值，单元的大小要根据精度的要求和计算机的速度及容量来确定。

(3) 确定单元基函数，有限元求解的关键。根据对求解精度的要求及单元网格数目，选择满足一定条件的插值函数作为单元基函数。由于各单元具有规则的几何形状，有限元方法中基函数的选取可遵循一定的规律。

(4) 有限单元分析。将数学模型微分方程中的变量表示为由所选用的插值函数与各变量或其导数的节点值组成的线性表达式，再将近似函数代入积分方程，并对单元区域进行积分，可获得含有待定系数的代数方程组。

（5）有限单元总体合成。将区域中所有单元的线性组合方程按一定原理进行累加，形成有限元总体平衡方程。

（6）边界条件的处理。一般边界条件分为 Dirichlet 本质边界条件、Neumann 自然边界条件和 Cauchy 混合边界条件。自然边界条件通常可以在数学方程积分表达式中自动得到满足，本质边界条件和混合边界条件则需要按照一定的法则对有限元总体平衡方程进行修正得到满足。

（7）有限元支配方程求解。根据含所有待定未知量封闭的总体有限元方程组，采用适当的数值计算方法得到相应的有限元法支配方程，最终求得各节点的函数值。

4.3.2　渗流模型有限元求解

利用 Galerkin 加权余量法建立有限元积分方程，将连续的无限自由度求解单元离散为有限个单元体进行求解。考虑水平井、网络裂缝和油藏单元特征，分别用线、三角形和四面体单元进行描述。假设油藏无因次尺寸为 6×6×0.1，主裂缝在 X 方向上的无因次坐标分别为-0.4、-0.2、0、0.2、0.4，无因次带长和带宽分别为 0.2mm、0.1mm，采用三角形前沿推进网格划分算法，在水平井和裂缝面处进行加密处理，裂缝面处最大单元尺寸设为 0.1，利用三角形和四面体单元对模型进行剖分，体积压裂水平井周围有限元网格剖分结果如图 4-3 所示。

基于 Karimi-Fard 等（2001）提出的离散裂缝模型对改造区网络裂缝进行降维处理，将三维裂缝体等效为具有一定无因次开度 a_f 的二维裂缝面（图 4-4），并根据立方定律，将裂缝内流体满足 Navier-Stokes 方程的流动等效为服从达西渗流规律，建立离散裂缝模型。

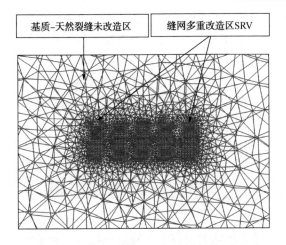

基质-天然裂缝未改造区　　缝网多重改造区SRV

图 4-3　体积压裂水平井周围 3D 网格剖分

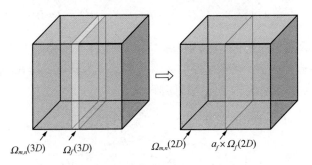

$\Omega_{m,n}(3D)$　$\Omega_f(3D)$　　$\Omega_{m,n}(2D)$　$a_f \times \Omega_f(2D)$

图 4-4　离散裂缝模型示意图

由于整个油藏区域 Ω 由未改造的多重孔隙介质渗流系统 $\Omega_{m,n}$ 和改造的网络裂缝系统 Ω_f 组成, 故整个油藏控制方程 F 的积分形式可表示为:

$$\iiint_{\Omega} F\mathrm{d}\Omega = \iiint_{\Omega_{m,n}(3D)} F\mathrm{d}\Omega_{m,n} + \iiint_{\Omega_f(3D)} F\mathrm{d}\Omega_f$$

$$= \iiint_{\Omega_{m,n}(3D)} F\mathrm{d}\Omega_{m,n} + a_f \times \iint_{\Omega_f(2D)} F\mathrm{d}\Omega_f \quad (4\text{-}20)$$

分别对基质、天然裂缝和网络裂缝系统进行单元特性分析。

101

假设基质–天然裂缝未改造区系统内任一点的压力场函数可近似表示为：

$$p_m \approx \sum_{i=1}^{4} N_i P_{i,m} = N_{e,m} P_{e,m} \qquad (4-21)$$

式中，$N_{e,m} = \begin{bmatrix} N_1 & N_2 & N_3 & N_4 \end{bmatrix}$ 为单元的基函数矩阵；$P_{e,m} = \begin{bmatrix} P_1 & P_2 & P_3 & P_4 \end{bmatrix}$ 为单元节点压力矩阵。

对方程组(4–18)中基质系统控制方程进行有限单元的等效积分，利用平衡条件和变分原理，得到单元的特性矩阵方程：

$$\iiint_{\Omega_{e,mn}} (\nabla N_{e,mn}^T \nabla N_{e,mn} + x_D N_{e,mn}^T \nabla N_{e,mn}) \mathrm{d}\Omega_{e,mn} P_{e,m} +$$

$$(1 - \omega_n) \iiint_{\Omega_{e,mn}} N_{e,mn}^T N_{e,mn} \mathrm{d}\Omega_{e,mn} \frac{\partial P_{e,m}}{\partial t_D} +$$

$$\lambda \iiint_{\Omega_{e,mn}} N_{e,mn} (P_{e,m} - P_{e,n}) N_{e,n}^T \mathrm{d}\Omega_{e,mn} = 0 \qquad (4-22)$$

对比方程组(4–18)中基质与天然裂缝系统控制方程，令基质系统单元特性矩阵方程中无因次启动压力梯度 $x_D = 0$，整理得到天然裂缝系统的单元特性矩阵为：

$$\iiint_{\Omega_{e,mn}} \nabla N_{e,mn}^T \nabla N_{e,mn} \mathrm{d}\Omega_{e,mn} P_{e,n} + \omega_n \iiint_{\Omega_{e,mn}} N_{e,mn}^T N_{e,mn} \mathrm{d}\Omega_{e,mn} \frac{\partial P_{e,n}}{\partial t_D}$$

$$- \lambda \iiint_{\Omega_{e,mn}} N_{e,mn} (P_{e,m} - P_{e,n}) N_{e,n}^T \mathrm{d}\Omega_{e,mn}$$

$$= 2\pi h_D \iiint_{\Omega_{e,n}} q_{nD} N_{e,mn}^T \delta(M_D - M_D') \mathrm{d}\Omega_{e,mn} \qquad (4-23)$$

式中，$\nabla N_{e,mn} = \begin{bmatrix} \dfrac{\partial N_1}{\partial x} & \dfrac{\partial N_2}{\partial x} & \dfrac{\partial N_3}{\partial x} & \dfrac{\partial N_4}{\partial x} \\[2mm] \dfrac{\partial N_1}{\partial y} & \dfrac{\partial N_2}{\partial y} & \dfrac{\partial N_3}{\partial y} & \dfrac{\partial N_4}{\partial y} \\[2mm] \dfrac{\partial N_1}{\partial z} & \dfrac{\partial N_2}{\partial z} & \dfrac{\partial N_3}{\partial z} & \dfrac{\partial N_4}{\partial z} \end{bmatrix}$；$\nabla N_{e,mn}^T$ 为 $\nabla N_{e,mn}$ 的转

置矩阵；$P_{e,m}$ 和 $P_{e,n}$ 分别为基质和天然裂缝系统单元节点处的压力矩阵；$\Omega_{e,mn}$ 为单元节点处所在的基质 – 天然裂缝渗流区域。

同理，得到网络裂缝系统的单元特性矩阵：

$$a_f K_{fD} \iint\limits_{\Omega_{e,f}} \nabla N_{e,f}^T \nabla N_{e,f} \mathrm{d}\Omega_{e,f} P_{e,f} + a_f \omega_f \iint\limits_{\Omega_{e,f}} N_{e,f}^T N_{e,f} \mathrm{d}\Omega_{e,f} \frac{\partial p_{e,f}}{\partial t_D}$$

$$= a_f 2\pi h_D \iint\limits_{\Omega_{e,f}} q_{fD} N_{e,f}^T (M_D - M_D^{'}) \mathrm{d}\Omega_{e,f} \qquad (4-24)$$

式中，$N_{e,f}[N_1 N_2 N_3]$ 为网络裂缝系统二维三角形单元的基函数；

$$\nabla N_{e,f} = \begin{bmatrix} \dfrac{\partial N_1}{\partial x} & \dfrac{\partial N_2}{\partial x} & \dfrac{\partial N_3}{\partial x} \\ \dfrac{\partial N_1}{\partial y} & \dfrac{\partial N_2}{\partial y} & \dfrac{\partial N_3}{\partial y} \\ \dfrac{\partial N_1}{\partial z} & \dfrac{\partial N_2}{\partial z} & \dfrac{\partial N_3}{\partial z} \end{bmatrix}$$ ；$\nabla N_{e,f}^T$ 为 $\nabla N_{e,f}$ 的转置矩阵；$P_{e,f}$ 为网络

裂缝系统单元节点处的压力矩阵；$\Omega_{e,f}$ 为单元节点处所在的网络裂缝渗流区域。

对多重介质而言，网络裂缝面分别与基质、天然裂缝形成连续介质系统，集合基质、天然裂缝和网络裂缝系统单元特性矩阵方程可以得到总的平衡方程组。将油藏总节点数记为 N_p，则整个油藏基质与天然裂缝系统的平衡方程可记为：

$$A_m P_m + B_m \frac{\partial P_m}{\partial t_D} + C(P_m - P_n) = 0 \qquad (4-25)$$

$$A_n P_n + B_n \frac{\partial P_n}{\partial t_D} + C(P_m - P_n) = Q_n \qquad (4-26)$$

式中，油藏基质压力矩阵 $P_m = [P_{m,1}, P_{m,2}, \cdots, P_{m,N_p}]^T$；天然裂缝系统压力矩阵 $P_n = [P_{n,1}, P_{n,2}, \cdots, P_{n,N_p}]^T$；系数矩阵分别为：

$$A_m = \iiint\limits_{\Omega_{e, mn}} (\nabla N^T_{e, mn}\,\nabla N_{e, mn} + \chi_D N^T_{e, mn}\,\nabla N_{e, mn})\,\mathrm{d}\Omega_{e, mn} +$$

$$a_f K_{jD} \iint\limits_{\Omega_{e, f}} \nabla N^T_{e, f}\,\nabla N_{e, f}\mathrm{d}\Omega_{e, f}$$

$$A_n = \iiint\limits_{\Omega_{e, mn}} \nabla N^T_{e, mn}\,\nabla N_{e, mn}\mathrm{d}\Omega_{e, mn} + a_f K_{fD} \iint\limits_{\Omega_{e, f}} \nabla N^T_{e, f}\,\nabla N_{e, f}\mathrm{d}\Omega_{e, f}$$

$$B_m = (1-\omega_n) \iiint\limits_{\Omega_{e, mn}} N^T_{e, mn}N_{e, mn}\mathrm{d}\Omega_{e, mn} + a_f\omega_f \iint\limits_{\Omega_{e, f}} N^T_{e, f}N_{e, f}\mathrm{d}\Omega_{e, f}$$

$$B_n = \omega_n \iiint\limits_{\Omega_{e, mn}} N^T_{e, mn}N_{e, mn}\mathrm{d}\Omega_{e, mn} + a_f\omega_f \iint\limits_{\Omega_{e, f}} N^T_{e, f}N_{e, f}\mathrm{d}\Omega_{e, f}$$

$$C = \lambda \iiint\limits_{\Omega_{e, mn}} N_{e, mn}N^T_{e, n}\mathrm{d}\Omega_{e, mn}$$

$$Q_n = 2\pi h_D \iiint\limits_{\Omega_{e, n}} q_{nD}N^T_{e, mn}\delta(M_D - M'_D)\mathrm{d}\Omega_{e, mn} +$$

$$a_f 2\pi h_D \iint\limits_{\Omega_{e, f}} q_{fD}N^T_{e, f}\delta(M_D - M'_D)\mathrm{d}\Omega_{e, f}$$

假设油藏内流体在初始压差作用下首先从天然裂缝系统流入网络裂缝，在时间上对天然裂缝系统的平衡方程(4-26)采用隐式向后差分格式，则得到裂缝系 $k+1$ 时刻相应的有限元法支配方程为：

$$\left\{A_n + \frac{B_n}{t^{k+1}_D - t^k_D} + C\right\} P^{k+1}_n = Q^{k+1}_n + \frac{B_n}{t^{k+1}_D - t^k_D}P^k_n + CP^k_m \qquad (4-27)$$

再根据方程(4-25)计算基质系统 $k+1$ 时刻的压力：

$$\left\{A_m + \frac{B_m}{t^{k+1}_D - t^k_D} + C\right\} P^{k+1}_m = \frac{B_m}{t^{k+1}_D - t^k_D}P^k_m + CP^k_n \qquad (4-28)$$

当系数矩阵 A_m 为 0 时，模型为双孔单渗渗流；当 A_m 不为 0 时，为双孔双渗模型。利用式(4-27)和式(4-28)2 个有限元法支配方程，可计算得到定产量和定井底流压情况下体积压裂水平井的不稳定压力及产量。

4.4 体积压裂水平井流态划分及动态分析

根据鄂尔多斯盆地陇东致密油藏(基质平均渗透率为 $0.16×10^{-3}\mu m^2$)实际地质参数及体积压裂裂缝监测数据计算得到无因次参数取值(表4-1),代入方程进行致密油藏体积压裂水平井不稳定压力及产能特征分析。

表4-1 致密油藏无因次参数

无因次参数	取 值
油藏尺寸($x_e×y_e×h_e$)	6×6×0.1
水平井长度(L_D)	1
缝网带长(b_D)	0.2
缝网带宽(a_D)	0.1
弹性储容比(ω_n、ω_f)	0.78、0.92
裂缝开度(a_f)	10^{-5}
基质渗透率(K_{mD})	10^{-3}
裂缝渗透率(K_{fD})	$a_f2^{/12}$
启动压力(χ_D)	0.001
窜流系数(λ)	60

4.4.1 流态划分

考虑体积压裂次生网络裂缝系统的影响,分别模拟双孔单渗和双孔双渗储层介质体积压裂水平井定产量生产,得到致密油藏体积压裂水平井试井无因次井底压力及压力导数样板曲线(图4-5和图4-6)。

双孔单渗油藏水平井流动形态可分为七个主要阶段:

(1)A阶段:早期主裂缝拟稳态流动。该阶段主要反映主裂缝面内部的线性流动及地层流体垂直主裂缝面的径向流动，二者综合作用使压力导数曲线表现出斜率为1的直线段。

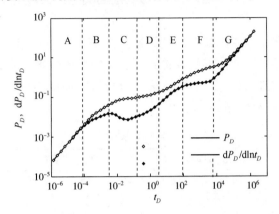

图4-5　致密油藏体积压裂水平井试井理论样板曲线（双孔单渗）

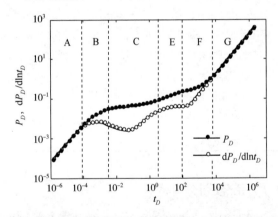

图4-6　致密油藏体积压裂水平井试井理论样板曲线（双孔双渗）

（2）B阶段：网络裂缝线性流动阶段。主要反映次生网络裂缝内部向主裂缝的线性流动，压力导数曲线表现为一斜线段。

（3）C阶段：基质与天然裂缝之间窜流。该阶段由于天然裂缝系统压降程度大于基质系统，主要反映基岩系统到天然裂缝系统的拟稳态窜流过程，表现为压力导数曲线出现明显的凹部位。

(4)D 阶段：地层线性流动阶段。包括垂直主裂缝及次生网络裂缝面的线性流动，压力导数曲线表现为斜率为 0.5 的直线段。

(5)阶段：改造区拟稳态流动阶段。当压力传播至各改造区边界时，由于未改造区天然裂缝内流体的有效渗流距离增加，且基质渗透率极小，导致在各改造区周围形成随时间变化的移动封闭边界，压力导数曲线表现为一斜线段。

(6)F 阶段：压裂改造系统拟径向流动阶段。反映水平井缝网改造系统的整体拟径向渗流，表现为以整个水平井缝网改造系统为中心的拟径向流，压力导数曲线表现为一水平线。

(7)G 阶段：晚期边界影响的拟稳态流动阶段。压力传播至封闭油藏边界，井底压力快速增加，压力导数曲线表现为斜率为1 的直线段。

相对于双孔单渗油藏体积压裂水平井的流动形态，致密油藏双孔双渗情况下由于基质内部流体参与向网络裂缝内的供液，其中间流动阶段(B、C、E、F)压降明显变缓，且各流动阶段较早出现，地层线性流(D 阶段)被窜流区(C 阶段)覆盖不再出现，而是很快过渡到改造区拟稳态流动阶段 E，此时动态压力波很快传播至油藏边界，流动到达晚期拟稳态流后，水平井降低压降程度迅速增加，与双孔单渗模型压力及压力导数曲线逐渐趋于一致。结合陇东致密油藏矿场认识(基质内流体流动过程中存在启动压力，且致密储层天然裂缝较发育)，综合考虑认为采用双孔双渗模型进行致密油藏体积压裂水平井动态分析较为合理。

4.4.2 体积压裂水平井生产动态分析

针对致密油藏水平井体积压裂后形成不同的缝网改造模式和储层流体流动区域特征，搞清体积压裂水平井压后生产动态特征及规律，对合理高效开发致密油藏具有重要意义。为了分析致密油藏体积压裂不同缝网改造模式对体积压裂水平井生产动态的影响规律,根据致密油藏基础参数,利用上述双孔双渗模型有限元数值求解方法进行三种改造模式(存在间隙 $a_D = 0.1$、存在重叠 $a_D = 0.25$、无间隙无重叠 $a_D = 0.2$)时水平井的生产动态模拟预测,得到致密油藏不同缝网改造模式下体积压裂水平井在定产情况下的瞬态压力响应曲线(图4-7)、定压情况下的不稳定产能特征曲线(图4-8)以及日产量和累产量对比曲线(图4-9)。

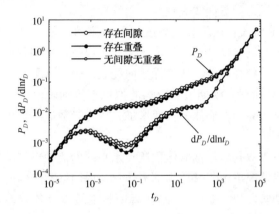

图4-7　不同改造模式下体积压裂水平井压力响应曲线

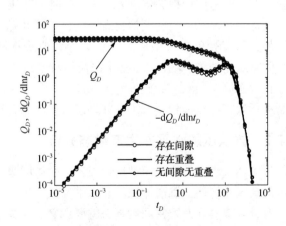

图4-8　不同改造模式下体积压裂水平井产能特征曲线

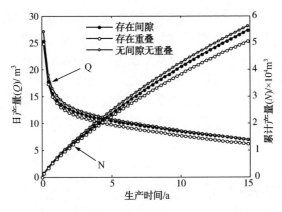

图4-9 不同改造模式下体积压裂水平井日产和累计产量对比

从不同缝网改造模式下体积压裂水平井动态曲线(图 4-7～图 4-9)可以看出:

(1) 不同改造模式下体积压裂水平井不稳定压力及产能特征曲线主要表现在中期渗流阶段压降和产量递减幅度的差异。各压裂段缝网存在间隙时,由于缝网范围较小,网络裂缝供液不足,需要较大的窜流量才能满足,表现出井底压降较大和产量递减较快,且提前进入改造系统拟稳态流和拟径向流动阶段;缝网间存在重叠与无间隙无重叠模式相比,网络裂缝供液不足时,由于重叠区网络裂缝导流能力大、供液能力强,因而在窜流阶段压降和产量递减较小,其他阶段二者压力和产量导数曲线重合。

(2) 三种改造模式下致密油藏体积压裂水平井初期产量均较高,且快速递减,主要是由于次生裂缝网络扩大了储层改造体积(SRV),缩短了流体向高渗通道的有效渗流距离,初期以渗流阻力较小的线性渗流为主,大大增加了压裂水平井的初期产量,但随着网络裂缝与基质、天然裂缝间压差增大,窜流加剧,主裂缝内部供液迟缓,导致产量迅速递减。

(3) 各压裂段缝网间无间隙无重叠的改造模式下水平井累计产量最高,存在重叠情况下的累计产量最低。对于实际体积压裂水平井，由于地质条件的非均质性及每段压裂施工参数的不同，实际形成的人工裂缝的段间距和每段的压裂规模均存在一定的差异。因此，在进行致密油藏水平井体积压裂施工时，需要在搞清油藏地质条件(岩石物理属性、地应力及天然裂缝分布等)的情况下设计合理的压裂段间距及施工排量，尽量形成各压裂段缝网间既无间隙又不存在重叠的改造模式，以达到最优的开发效果。

4.5 小 结

水平井体积压裂技术在增加致密储层有效改造体积和提高采收率方面发挥了重要作用，分析体积压裂水平井动态特征对认识其渗流规律具有重要意义。

(1) 建立了基于改造模式的致密油藏体积压裂水平井多重介质不稳定渗流数学模型，利用 Galerkin 加权余量有限元方法对模型进行了数值求解，并与解析解对比验证了该数值算法的正确性。

(2) 相比于双孔单渗模型水平井试井理论曲线表现出的 7 个流动阶段，双孔双渗情况下地层线性流不再出现，水平井井底压降明显变缓，且压力较快传播至油藏边界，结合致密油藏矿场认识，认为天然裂缝较发育时采用双孔双渗模型进行体积压裂水平井动态分析较为合理。

(3) 致密油藏体积压裂水平井初期以渗流阻力较小的线性渗流为主，产量较高，但由于窜流加剧递减较快；不同改造模式下水平井压力及产能响应曲线主要表现在中期渗流阶段压降和产量递减幅度的差异，各压裂段缝网间无间隙无重叠的改造模式对该类油藏开发较为有利。

第5章 致密油藏流−固全耦合体积压裂水平井产能预测

虽然用有限差分和有限元方法解决油藏流体渗流模型和求解岩土变形问题方面已经取得了较大的进展，即通常将流体方程和固体方程分别单独求解，然后在迭代步中进行数据交换，但由于这种弱耦合过程存在渗流场与应力场求解的时间差，所以与现实情况存在一定的误差，目前仍存在一些问题未能得到解决。当考虑更符合实际的油藏流体渗流和应力−应变实时耦合因素以后，由于固体方程与流体方程存在很大的差异，问题更为复杂。因此，应探索一种适合于致密油藏体积压裂水平井数值模拟的渗流场与应力场同步耦合求解方法，即以结点位移和孔隙流体压力作为基本未知量，通过有限元数值求解方法同时求出结点位移与流体压力，实现流固全耦合求解。

本章在总结储层岩石应力−应变与储层弹塑性变形特征的基础上，建立了致密油藏岩土变形场(应力场)与流体流动场(渗流场)的流固全耦合数学模型，其中岩土变形数学模型综合考虑孔隙基质−天然裂缝−人工裂缝的多尺度介质变形特征，渗流数学模型考虑具有启动压力的基质系统、符合达西渗流的天然裂缝系统和基于离散裂缝模型(DFM)的缝网改造系统的多重孔隙介质特征，利用 GALERKIN 有限元方法得到了流固耦合数学模型控制方程在几何域上的离散方程矩阵形式，并利用有限差分法得到时间域上的离散解形式，建立了全耦合数值求解模型，最后验证了算法的准确性，分析了致密油藏体积压裂水平井的产能特征。研究结果不仅对完善致密油藏流固全耦合体积压裂水平井数值模拟提供一定的理论基础，而且对同类油藏体积压裂水平井产能预测具有实际的应用价值。

基于应力场-渗流场全耦合的致密油藏体积压裂水平井产能预测研究思路：①致密油藏体积压裂水平井应力场-渗流场耦合数学模型建立(基于有效应力原理及改造区流动特征，分别建立体积压裂水平井应力场和渗流场数学模型)；②致密油藏岩层骨架变形及动态应力场变化规律(基质、天然裂缝和人工裂缝等储集空间的孔隙度、渗透率及压缩系数等物性参数的动态变化规律)；③流固耦合数学模型全耦合有限元整体求解(对建立的数学模型进行有限元空间和时间离散，制定全耦合数值求解步骤)；④致密油藏体积压裂水平井数值模拟(模型正确性验证，分析油藏岩石应力-应变和储层物性的变化规律，对比分析未耦合与全耦合体积压裂水平井产能的差异及多重孔隙介质的贡献程度，并进行致密油藏流固全耦合体积压裂水平井产能变化规律分析)。

5.1 致密储层多重孔隙介质流-固耦合作用机理

致密储层中伴生的天然裂缝和体积压裂产生的人工网络裂缝共同构成了极为复杂的多尺度裂缝网络系统，压裂后储层中存在多种不同尺度的孔隙系统，即基质孔隙、天然裂缝孔隙和人工网络裂缝孔隙，都对开发效果有着一定的影响，如何准确描述多重孔隙对流体渗流与岩土变形的影响对致密油藏体积压裂水平井产能预测至关重要。由于不同尺度的孔隙介质渗流及应力-应变规律存在较大差异，不能笼统地采用一种渗流或应力-应变模型对其进行描述，因此需要深入了解不同尺度孔隙介质的流固耦合作用机理。

在致密油藏体积压裂水平井开发过程中，随着流体的不断采出，储层孔隙压力逐渐降低，岩土有效应力重新分布，导致储层岩石骨架变形，一方面使储层基质孔隙的物性参数产生改变，特别是孔隙度、渗透率和孔隙压缩系数发生变化；另一方面使裂缝产生一定程度的闭合，特别是裂缝导流能力的改变。而这些物性参数的变化反过来又影响储层流体在孔隙-裂缝介质空间中的流动。由此可见，该过程是一个流体渗流与岩土变形的动态耦合。

5.1.1 基质-天然裂缝系统渗流与应力的耦合

这里利用双重连续介质模型来描述基质系统和裂缝系统的性质差异，假设储层中存在两套独立且连续的双重介质孔隙系统，储层空间中任一点既有基质孔隙系统又有裂缝孔隙系统，同时存在两个物理场，而且"重叠"在一起，且两个系统通过压差进行流体交换(窜流)，该模型被广泛应用在描述裂缝性储层及裂缝分布相对密集的油藏。在流固耦合作用下，渗流场通过施加于基质孔隙和天然裂缝面上的流动压力和在渗流区域内分布的渗流体积力而影响地层的应力分布；应力则通过改变基质和天然裂缝孔隙的体积应变及孔隙度而影响其渗流能力，从而影响基质系统和裂缝系统内部的渗流场。

5.1.2 裂缝网络系统渗流与应力的耦合

由于离散裂缝网络模型可在三维方向上表征相互交错的网状裂缝或者树状裂缝，且体积压裂产生的网络裂缝尺度明显大于天然裂缝，因此采用离散裂缝网络模型来显式表征网络裂缝系统，即利用裂缝的特征参数如方位、长度、开度、密度等以及裂缝间的相互连接情况来表征离散裂缝网络。在流固耦合作用下，渗流场通过施加于裂缝面上的法向渗流压力和切向力而影响岩体的应力分布；应力场通过改变网络裂缝宽度而影响网络裂缝的导流能力，从而影响缝网的渗透性及周围的渗流场。

5.2　体积压裂水平井物理模型及假设条件

建立基于多重孔隙介质的致密油藏流-固耦合体积压裂水平井物理模型(图 5-1)。该模型利用 DFN 模型描述网络裂缝系统,用双重连续介质模型描述基质与天然裂缝系统。可以考虑区域最大水平主应力方向,能够控制和模拟天然裂缝与人工裂缝交错的复杂程度,充分考虑裂缝与基质的渗流特征。体积压裂主、次裂缝形成的复杂缝网同时融合在基质块与裂缝块系统中,储层压裂改造体积(SRV)范围内外采取不同的网格排列方式,水力压裂增产措施处理后的储层可以用复杂的裂缝网格系统和基质系统两部分组合起来来代表,即在 SRV 内部采用粗化、局部网格加密的基质-天然裂缝-人工裂缝网络系统,而在 SRV 外部采用的是基质-天然裂缝网络系统。

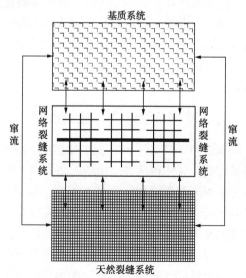

图 5-1　基于多重孔隙介质的体积压裂水平井物理模型示意图

假设条件：①多重孔隙介质是完全饱和且各向同性的线弹性体；②储层基质骨架、裂缝和流体微可压缩；③岩石骨架的变形为线弹性微变形，遵从 Terzaghi 有效应力原理；④基质孔隙渗流考虑启动压力，裂缝内渗流服从 Darcy 定律，同时存在基质与裂缝间的拟稳态窜流；⑤初始应力场均匀分布，整个过程为等温单相渗流且不考虑重力影响；⑥多重孔隙介质的孔隙度、渗透率和压缩系数是动态变化的。

5.3 致密油藏体积压裂水平井流固耦合变形数学模型

致密油藏体积压裂水平井流固耦合岩土变形数学模型需要综合考虑多孔介质的变形特征。对于多孔介质流固耦合变形场而言，其数学模型主要由储层骨架连续性方程、本构关系、几何方程、应力平衡方程及定解条件组成。

5.3.1 储层骨架连续性方程

储层骨架连续性方程用来描述孔隙度与固体骨架位移速度之间的关系，即：

$$\frac{\partial \hat{\rho}_s}{\partial t} + \nabla \cdot (\hat{\rho}_s v_s) = 0 \tag{5-1}$$

式中，v_s 为岩石质点的速度；$\hat{\rho}_s$ 为干燥孔隙介质密度，且 $\hat{\rho}_s = \rho_s (1-\phi)$，其中 ρ_s 为固体颗粒密度；ϕ 为固体骨架孔隙度。

对于致密砂岩储层，可认为其颗粒密度为常量，故式（5-1）简化为：

$$\frac{\partial (1-\phi)}{\partial t} + \nabla \cdot \left[(1-\phi) v_s \right] = 0 \tag{5-2}$$

假设致密储层岩石骨架为稳态小变形位移，认为物质导数近似等于空间偏导数，则式(5-2)可简化为：

$$\frac{\partial(1-\phi)}{\partial t} + (1-\phi)\nabla \cdot v_s = 0 \qquad (5-3)$$

由于

$$\nabla \cdot v_s = \nabla \cdot \frac{u}{\partial t} = \frac{\partial}{\partial t}(\nabla \cdot u) = \frac{\partial \varepsilon_v}{\partial t} \qquad (5-4)$$

式中，u 为岩石骨架位移；ε_v 为岩石骨架体积应变。

将式(5-4)代入式(5-3)中，得到：

$$\frac{\partial(1-\phi)}{\partial t} + (1-\phi)\frac{\partial \varepsilon_v}{\partial t} = 0 \qquad (5-5)$$

式(5-5)即为反映储层孔隙度与固体骨架位移速度关系的储层骨架连续性方程，也反映了孔隙度随体积应变的线性或非线性变化过程。

5.3.2 本构关系(应力−应变关系)

对于致密油藏岩石，室内实验及矿场资料均表明其形变是不可逆的。因此，这里的应力−应变本构关系采用弹塑性本构方程，其常用增量表达式为：

$$\mathrm{d}\sigma_{ij} = D_{ijkl}\mathrm{d}\varepsilon_{kl} \qquad (5-6)$$

式中，$\mathrm{d}\sigma_{ij}$ 为有效应力增量；$\mathrm{d}\varepsilon_{kl}$ 为应变增量；D_{ijkl} 为弹塑性系数矩阵张量。

式(5-6)矩阵形式为：

$$\{\mathrm{d}\sigma\} = [D_{ep}]\{\mathrm{d}\varepsilon\} = ([D_e] - [D_p])\{\mathrm{d}\varepsilon\} \qquad (5-7)$$

式中，$[D_p]$ 为塑性本构矩阵；$[D_e]$ 为弹性本构矩阵；$[D_{ep}]$ 为弹塑性本构矩阵。

岩石弹性本构矩阵可根据 Hook 定律推导，用弹性模量和泊松比表示为：

116

$$[D_e] = \frac{E(1-v)}{(1+v)(1-v)} \begin{vmatrix} 1 & & & & & \\ \dfrac{v}{1-v} & 1 & & & & \\ \dfrac{v}{1-v} & \dfrac{v}{1-v} & 1 & & & \\ 0 & 0 & 0 & \dfrac{1-2v}{2(1-v)} & & \\ 0 & 0 & 0 & 0 & \dfrac{1-2v}{2(1-v)} & \\ 0 & 0 & 0 & 0 & 0 & \dfrac{1-2v}{2(1-v)} \end{vmatrix}$$

$$(5-8)$$

由弹塑性相关联流动法则，可知塑性本构矩阵计算公式为：

$$[D_p] = \frac{[D_e]\left\{\dfrac{\partial F}{\partial \sigma}\right\}\left\{\dfrac{\partial F}{\partial \sigma}\right\}^T [D_e]}{A + \left\{\dfrac{\partial F}{\partial \sigma}\right\}^T [D_e]\left\{\dfrac{\partial F}{\partial \sigma}\right\}} \tag{5-9}$$

式中，A 为硬化指数；F 为屈服函数。

5.3.3 几何方程(应变-位移关系)

基于小变形理论，流固耦合岩土变形位移与应变分量关系可由以下方程组描述：

$$\begin{Bmatrix} \varepsilon_x \\ \varepsilon_y \\ \varepsilon_z \\ \gamma_{xy} \\ \gamma_{yz} \\ \gamma_{zx} \end{Bmatrix} = \begin{bmatrix} \dfrac{\partial u}{\partial x} \\ \dfrac{\partial v}{\partial y} \\ \dfrac{\partial w}{\partial z} \\ \dfrac{\partial u}{\partial y} + \dfrac{\partial v}{\partial x} \\ \dfrac{\partial v}{\partial z} + \dfrac{\partial w}{\partial y} \\ \dfrac{\partial w}{\partial x} + \dfrac{\partial u}{\partial z} \end{bmatrix} = \begin{bmatrix} \dfrac{\partial}{\partial x} & 0 & 0 \\ 0 & \dfrac{\partial}{\partial y} & 0 \\ 0 & 0 & \dfrac{\partial}{\partial z} \\ \dfrac{\partial}{\partial y} & \dfrac{\partial}{\partial x} & 0 \\ 0 & \dfrac{\partial}{\partial z} & \dfrac{\partial}{\partial y} \\ \dfrac{\partial}{\partial z} & 0 & \dfrac{\partial}{\partial x} \end{bmatrix} \begin{Bmatrix} u \\ v \\ w \end{Bmatrix} \tag{5-10}$$

式(5-10)的张量形式可简化为：

$$\varepsilon_{ij} = \frac{1}{2}(u_{i,j} + u_{j,i}) \tag{5-11}$$

5.3.4 应力平衡微分方程

对于储层中任一无限小的单元体而言，其在空间中的应力状态如图5-2所示。该单元体边长分别为 dx、dy、dz，其应力状态可用作用在其六个表面上的9个应力分量来描述，分别为 σ_x、σ_y、σ_z、τ_{xy}、τ_{yx}、τ_{yz}、τ_{zy}、τ_{zx}、τ_{xz}，这9个应力分量不仅与 x、y、z 坐标轴的方向有关，还与该单元体所受的载荷情况有关。

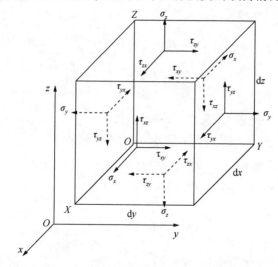

图5-2 空间中单元体的应力状态示意图

分析该单元体在 x 方向上的受力情况，得到平衡方程：

$$(\sigma_x + \frac{\partial \sigma_x}{\partial x})dydz - \sigma_x dydz + (\tau_{xy} + \frac{\partial \tau_{xy}}{\partial y})dzdx - \tau_{xy}dzdx +$$

$$(\tau_{xz} + \frac{\partial \tau_{xz}}{\partial z})dxdy - \tau_{xz}dxdy + f_x dxdydz = 0 \tag{5-12}$$

化简式(5-12)可得到：

$$\frac{\partial \sigma_x}{\partial x} + \frac{\partial \tau_{xy}}{\partial y} + \frac{\partial \tau_{xz}}{\partial z} + f_x = 0 \qquad (5-13)$$

同理，可得到在 y、z 方向上的受力平衡方程：

$$\frac{\partial \sigma_y}{\partial y} + \frac{\partial \tau_{xy}}{\partial x} + \frac{\partial \tau_{yz}}{\partial z} + f_y = 0 \qquad (5-14)$$

$$\frac{\partial \sigma_z}{\partial z} + \frac{\partial \tau_{xz}}{\partial x} + \frac{\partial \tau_{xz}}{\partial y} + f_z = 0 \qquad (5-15)$$

式(5-13)、式(5-14)和式(5-15)即为平衡微分方程，其张量形式为：

$$\sigma_{ij,\ j} + f_i = 0 \qquad (5-16)$$

式中，σ_{ij} 为各应力分量的总应力；f_i 为某一面体力分量，即重力项。

假设油藏为饱和单相流体的多孔介质，其受到的总应力应该由两部分组成：多孔介质内部流体和岩石骨架。其中，岩石骨架承受到的应力分量称为有效应力，而正是这个有效应力决定着油藏岩石的形变和强度特性。因此，这里引入 Terzaghi 有效应力方程：

$$\sigma_{ij} = \sigma'_{ij} - \alpha \delta_{ij} p_e \qquad (5-17)$$

式中，σ'_{ij} 为岩石骨架有效应力分量；α 为 Biot 系数；δ_{ij} 为 Kronecker 数；p_e 为等效孔隙压力。

因此，修正的应力平衡方程为：

$$\sigma_{ij,\ j} + f_i - (\alpha \delta_{ij} p_e)_{,\ j} = 0 \qquad (5-18)$$

式(5-18)中左边第二项为固体自身重力项，第三项为流体渗透体积力，二者在开发过程中不断变化，反映了应力场与渗流场的动态耦合效应。式(5-18)即为致密油藏流固耦合岩石弹塑性变形的平衡微分方程，是求解油藏多孔介质变形问题的基本微分方程。

5.3.5 变形场求解定解条件

为了确定流固耦合变形场泛定方程的解，就必须提供足够的定解条件。对于应力场而言，其定解条件主要包括位移边界条件和应力边界条件。把整个致密储层固体骨架所占的空间区域表示为 Ω_e。

5.3.5.1 位移边界条件

流固耦合应力场位移边界条件指岩土骨架表面位移量已知：

$$u\Big|_{\Omega_e} = \overline{u} \qquad (5\text{-}19)$$

各方向上的分量形式为：

$$\begin{cases} u\Big|_{\Omega_e} = \overline{u} \\[2mm] v\Big|_{\Omega_e} = \overline{v} \\[2mm] w\Big|_{\Omega_e} = \overline{w} \end{cases} \qquad (5\text{-}20)$$

5.3.5.2 应力边界条件

流固耦合应力场应力边界条件指岩土骨架表面力已知：

$$\sigma_{ij} \cdot n\Big|_{\Omega_e} = \overline{T} \qquad (5\text{-}21)$$

各方向上的分量形式为：

$$\begin{cases} \sigma_x n_x + \tau_{xy} n_y + \tau_{xz} n_z = \overline{T}_x \\[2mm] \tau_{xy} n_x + \sigma_y n_y + \tau_{yz} n_z = \overline{T}_y \\[2mm] \tau_{zx} n_y + \tau_{yz} n_y + \sigma_z n_z = \overline{T}_z \end{cases} \qquad (5\text{-}22)$$

5.4 致密油藏体积压裂水平井流固耦合渗流数学模型

在流固耦合作用下，流固耦合岩层骨架变形基本方程中均包含反映流固耦合效应的未知项及未知参数，其在开发过程中受到渗流场影响而不断改变，故流固耦合变形场方程具有高度的非线性特征，需要结合渗流场方程才能统一求解。致密油藏体积压裂水平井流固耦合渗流数学模型主要考虑具有启动压力的基质系统、符合达西渗流的天然裂缝系统和基于离散裂缝模型(DFM)的缝网改造系统的多重孔隙介质特征。

5.4.1 流固耦合渗流场运动速度方程

与刚性模型不同，在致密油藏考虑流固耦合效应开发过程中，除了流体质点相对岩石固体发生的刚体位移产生的运动速度，由于岩石受外部应力载荷作用，固相骨架也要产生一定的变形，从而导致岩石质点变形位移产生运动速度。因此，流体质点的真实速度等于以岩石固相为参考的真实速度与岩石质点的速度之和，即：

$$U = U_r + v_s = \frac{v}{\phi} + v_s = \frac{v}{\phi} + \frac{\partial u}{\partial t} \tag{5-23}$$

式中，U 为流体的绝对真实速度；U_r 为流体以岩石固相为参考的真实速度；v 为流体渗流的视速度或达西速度。

5.4.2 多重孔隙介质渗流场数学模型

根据第3章对致密油藏体积压裂水平井双重介质不稳定渗流数学模型的描述内容，同理建立致密油藏体积压裂水平井流固耦合渗流数学模型，将多重孔隙介质(基质、天然裂缝和网络裂缝)系统的流体流动数学模型(运动方程、状态方程和连续方程)统计于表5-1中。

表 5-1 致密油藏多重孔隙介质渗流数学模型

多重孔隙介质模型	运动方程	状态方程	连续方程
基质系统	$v_m = -\dfrac{K_m}{\mu}(\nabla p_m - \chi)$	$\phi_m = \phi_{m0} e^{-C_P(p_i - p)}$ $\rho = \rho_0 e^{-C_L(p_i - p)}$	$\dfrac{\partial(\rho\phi_m)}{\partial t} + \nabla \cdot (\rho v_m)$ $= Q_m = -\rho(q_{mn} + \delta q_{mf})$

多重孔隙 介质模型	运动方程	状态方程	连续方程
天然裂缝系统	$v_n = -\dfrac{K_n}{\mu}\nabla p_n$	$\phi_n = \phi_{n0}\,\mathrm{e}^{-C_n(p_i-p)}$ $\rho = \rho_0\,\mathrm{e}^{-C_L(p_i-p)}$	$\dfrac{\partial(\rho\phi_n)}{\partial t}+\nabla\cdot(\rho v_n)$ $= Q_n = -\rho(q_{mn}+\delta q_{nf})$
网络裂缝系统	$v_f = -\dfrac{K_f}{\mu}(\nabla_T p_f)$ $K_f = \dfrac{1}{12}d_f^2$	$\phi_f = \phi_{f0}\,\mathrm{e}^{-C_f(p_i-p_f)}$ $\rho = \rho_0\,\mathrm{e}^{-C_L(p_i-p_f)}$	$d_f\dfrac{\partial(\rho\phi_f)}{\partial t}+\nabla_T\cdot(d_f\rho v_f)$ $= d_f Q_f = d_f\delta q_f$

注：Q_m、Q_n、Q_f 分别表示基质、天然裂缝和网络裂缝的质量源项，kg/($m^3\cdot s$)；∇_T 表示沿裂缝面切向上的梯度算子。

5.4.3 流固耦合渗流场求解定解条件

为了确定流固耦合渗流场泛定方程的解，就必须提供足够的定解条件。对于渗流场而言，其定解条件主要包括初始条件、内边界条件和外边界条件。

5.4.3.1 初始条件

流固耦合渗流场初始条件主要是油藏初始压力已知为原始地层压力：

$$p_m(x,\ y,\ z;\ t=0)=p_n(x,\ y,\ z;\ t=0)=p_f(x,\ y,\ z;\ t=0)=p_i$$

$$(5-24)$$

5.4.3.2 内边界条件

流固耦合渗流场内边界条件包括两种情况：

（1）井底定压生产。

$$p\,\Big|_{\text{bottom}} = p_w \qquad (5-25)$$

式中，p_w 为井底流压。

（2）井底定流量生产。

$$r \left. \frac{\partial p}{\partial r} \right|_{\text{bottom}} = C \quad or \quad -n \cdot \rho v = N_0 \qquad (5-26)$$

式中，n 为法线方向；C 为常数；N_0 为法线方向上的质量通量，$\text{kg}/(\text{m} \cdot \text{s})$。

5.4.3.3 外边界条件

设整个油藏区域 Ω 由未改造的双重介质渗流系统 $\Omega_{m,n}$ 和改造的网络裂缝系统 Ω_f 组成，流固耦合渗流场外边界条件包括两种情况：

（1）第一类边界 Dirichlet boundary 条件（在端点，待求变量的值被指定）：

$$\begin{cases} p_m \big|_{\Omega_{m,n}} (x, y, z; t) = p_n \big|_{\Omega_{m,n}} (x, y, z; t) \\ p_f \big|_{\Omega_f} (x, y, z; t) = p_m \big|_{\Omega_f} (x, y, z; t) = p_n \big|_{\Omega_f} (x, y, z; t) \end{cases}$$

$$\qquad (5-27)$$

（2）第二类边界 Neumann boundary 条件（待求变量边界外法线的方向导数被指定）：

$$\begin{cases} \left. \dfrac{\partial p_m}{\partial x} \right|_{x=x_e} = \left. \dfrac{\partial p_m}{\partial y} \right|_{y=y_e} = \left. \dfrac{\partial p_m}{\partial z} \right|_{z=z_e} = 0 \\ \left. \dfrac{\partial p_n}{\partial x} \right|_{x=x_e} = \left. \dfrac{\partial p_n}{\partial y} \right|_{y=y_e} = \left. \dfrac{\partial p_n}{\partial z} \right|_{z=z_e} = 0 \end{cases} \qquad (5-28)$$

5.5 致密储层渗流场-应力场动态流固交叉耦合模型

致密油藏流固耦合数学模型的求解，除了上述岩土变形场及流体渗流场基本数学方程外，还需要结合相应的动态耦合方程。由于孔隙介质在空间中某一点受到应力载荷作用后，其微观几何形状会发生一定的改变，引起的岩石骨架颗粒的重新组合及排列都会使孔隙介质体的性质发生变化。因此,解决致密油藏流固耦合数值模拟的关键是如何建立流固耦合作用下的动态交叉耦合模型,即分析致密油藏多重孔隙介质(基质、天然裂缝和网络裂缝)的储集性、渗透性及压缩性随应力-应变的变化规律。

5.5.1 基质应力场–渗流场交叉耦合项

由于体积应变隐含了油藏有效应力及岩石本身力学特征的综合效应,因此这里利用储层岩石变形模型求解出的体积应变,从储层物性参数基本定义出发,推导适用于流固耦合油藏数值模拟的基质、天然裂缝物性参数(孔隙度、渗透率和压缩系数)动态耦合模型。将体积应变定义为油藏岩土在变形过程中单位体积的体积改变,其数学表达式为:

$$\varepsilon_V = \frac{\Delta V_b}{V_b} = \varepsilon_x + \varepsilon_y + \varepsilon_z \tag{5-29}$$

式中,V_b 为岩土总体积;ΔV_b 为岩土的总体积变化;ε_x、ε_y、ε_z、ε_v 分别为 x、y、z 方向上的正应变和体积应变。

5.5.1.1 交叉耦合项——孔隙度模型

储层基质孔隙度的定义式为:

$$\varphi_m = \frac{V_b - V_s}{V_b} \tag{5-30}$$

式中,V_s 为岩土固相颗粒(基质)体积。

当孔隙压力发生改变时,孔隙度由初始状态 $\varphi_0(p_0)$ 变为当前状态 $\varphi(p)$,若产生的体积应变量为 ε_v,则岩石总体积的变化量为:

$$\Delta V_b = V_b \cdot \varepsilon_v \tag{5-31}$$

结合式(5-30)和式(5-31),化简得到当前状态下孔隙度计算公式:

$$\varphi_m = \frac{(V_b + \Delta V_b) - V_s}{V_b + \Delta V_b} = \frac{(V_b + V_b \cdot \varepsilon_v) - V_s}{V_b + V_b \cdot \varepsilon_v} = \frac{1}{1 + \varepsilon_v}\left(\frac{V_b - V_s}{V_b} + \varepsilon_v\right) = \frac{\varphi_{m0} + \varepsilon_v}{1 + \varepsilon_v}$$

$$\tag{5-32}$$

式(5-32)即为动态耦合项孔隙度的理论模型，表明孔隙度为体积应变的函数(图5-3)。

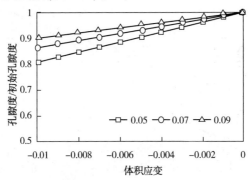

图5-3 孔隙度随岩石体积应变的变化关系曲线

5.5.1.2 交叉耦合项——渗透率模型

渗透率动态变化模型可通过 Kozeny-Carman 方程推导得到。Kozeny-Carman 基于毛管束模型，建立了渗透率计算公式：

$$K_m = \frac{\varphi_m}{K_z S_p^2} \tag{5-33}$$

式中，K_z 为 Kozeny 常数；S_p 为比表面积，且 $S_p = A_s / V_p$，其中 A_s 为岩石颗粒总表面积；V_p 为岩石孔隙体积。

忽略颗粒总表面积变化量及热膨胀因素，岩石总体积的变化等于孔隙体积的变化，即 $\Delta V_b = \Delta V_p$。当岩石由初始状态 p_0 变为状态 p 时，新的比表面为：

$$S_p = \frac{A_s}{V_p + \Delta V_b} = \frac{A_{s0}}{V_p + \varepsilon_V \cdot V_b} \tag{5-34}$$

根据式(5-32)和式(5-34)，得到：

$$\frac{K_m}{K_{m0}} = \frac{\dfrac{\varphi}{K_z S_p^2}}{\dfrac{\varphi_0}{K_z S_{p0}^2}} = \frac{1}{1+\varepsilon_V}\left(\frac{V_p + \Delta V_p}{V_p}\right)^3 = \frac{1}{1+\varepsilon_V}\left(1+\frac{\varepsilon_V}{\varphi_{m0}}\right)^3 \tag{5-35}$$

式(5-35)即为流固耦合作用下动态耦合项渗透率的理论计算模型,表明渗透率为孔隙度和体积应变的函数(图5-4)。

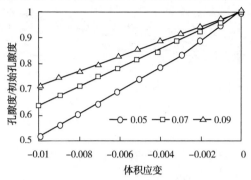

图5-4 渗透率随岩石体积应变的变化关系曲线

从图5-3和图5-4曲线可以看出,孔隙度越小,相同体积应变对孔隙度及渗透率的影响越大;体积应变越大,储层基质孔隙度和渗透率的降低幅度越大,且渗透率降低幅度远大于孔隙度降低幅度。

5.5.1.3 交叉耦合项——压缩系数模型

储层基质孔隙的压缩系数定义式为:

$$C_m = \frac{1}{\varphi_m} \frac{\partial \varphi_m}{\partial p} \qquad (5-36)$$

在一个时间步长内压缩系数近似为常数,对式(5-36)进行积分求解,得到:

$$\varphi_m = \varphi_{m0} e^{-C_m(p_0-p)} \qquad (5-37)$$

结合孔隙度计算模型式(5-32),整理得到基质孔隙压缩系数的表达式:

$$C_m = \frac{1}{\Delta p} \ln \frac{\varphi_m}{\varphi_{m0}} = \frac{1}{\Delta p} \ln \left[\frac{\varphi_{m0} + \varepsilon_V}{\varphi_{m0}(1 + \varepsilon_V)} \right] \qquad (5-38)$$

式(5-38)即为流固耦合油藏数值模拟动态耦合项压缩系数的理论计算模型。

5.5.2　天然裂缝应力-渗流交叉耦合项

同理，可得到天然裂缝应力-渗流交叉耦合项(孔隙度、渗透率和压缩系数)数学计算公式：

$$\varphi_n \frac{1}{1 + \varepsilon_V}(\varphi_{n0} + \varepsilon_V) \qquad (5-39)$$

$$K_n \frac{K_{n0}}{1 + \varepsilon_V}(1 + \frac{\varepsilon_V}{\varphi_{n0}})^3 \qquad (5-40)$$

$$C_n = \frac{1}{\Delta p}\ln\left[\frac{\varphi_{n0} + \varepsilon_V}{\varphi_{n0}(1 + \varepsilon_V)}\right] \qquad (5-41)$$

5.5.3　网络裂缝应力-渗流交叉耦合项

致密储层开发过程中，假设在应力场作用下不形成新裂缝，且体积压裂产生的网络裂缝系统的结构不变，仅对网络裂缝开度有影响。在经典平直光滑的两块平行板裂缝渗流模型中，渗透率与裂缝开度的三次方成正比，因而裂缝的开度对导流能力有显著的影响，能否准确描述其变化决定着油井生产预测的可靠性。研究表明，网络裂缝开度受应力、应变影响，如果不考虑缝内流体的化学反应，则裂缝开度与应力-应变成较好的函数关系。Willis-Richards、Jing 和 Hicks 等在热干岩油藏数值模型中考虑了正、剪应力对裂缝开度动态变化的影响，提出了裂缝开度随应力改变的数学计算模型：

$$d_f = \frac{d_{f0}}{1 + 9\sigma'_n/\sigma'_{nref}} + \Delta d_s + \Delta d_{res} \qquad (5-42)$$

式中，d_{f0} 为裂缝初始开度；σ'_n 为有效正应力，即裂缝面正应力 σ_n 与缝内流体压力 p 之差；σ'_{nref} 为使裂缝开度降低 90% 的有效正应力。式(5-42)右边第一项反映法向正应力对裂缝开度的影响，第二项是由剪切位移引起的开度增量，第三项为残余隙宽，代表裂缝表面承受最大正应力时的裂缝开度。

在现今地应力场作用下，$\Delta d_s = \Delta d_{res} \approx 0$，且取使裂缝开度降低 90% 的有效正应力 σ'_{nref} 为 30MPa，得到网络裂缝应力-渗流动态耦合渗透率计算公式为：

$$K_f = \frac{1}{12} d_f^2 \tag{5-43}$$

$$d_f = \frac{d_{f0}}{1 + 0.3(\sigma_n - p)} \tag{5-44}$$

上述基质、天然裂缝和网络裂缝系统应力-渗流动态交叉耦合项计算模型，共同组成了致密油藏流固耦合作用下储层物性参数与岩石骨架变形之间的桥梁与纽带，体现了应力场与渗流场之间动态交叉耦合原理。上述渗流-应力动态耦合辅助方程与流固耦合作用下的岩层骨架变形和流体渗流的控制方程及其定解条件（初始条件和边界条件）构成了完整的致密油藏体积压裂水平井流固耦合数学模型。

5.6 应力场-渗流场数学模型全耦合有限元数值求解

流固耦合问题求解方法通常有两种分类方式：按求解方程分类可分为弱耦合（或松耦合）和强耦合（或紧耦合），按求解顺序可以将流固耦合分为单向耦合和双向耦合。

（1）弱耦合（顺序耦合）：流体方程和固体方程分别单独求解，然后在迭代步中进行数据交换。由于弱耦合需要在固体和流体求解器间进行数据交换，因此便存在单向耦合和双向耦合的问题。通常固体求解器向流体求解器发送的是位移，而流体求解器向固体求解器发送的是压力等数据。单向耦合：单向数据发送。通常只是一方求解器向另一方求解器发送数据，另一方求解器并不会返回数据；双向耦合：固体求解器和流体求解器均会发送响应数据给对方。目前的流固耦合基本上都是采用弱耦合。由于存在时间差，所以与现实情况存在一定的误差。

（2）强耦合（全耦合）：流体计算与固体计算联立求解，通过单元矩阵或载荷向量把渗流场-应力场耦合作用（流体动力方程和结构动力方程）统一构造到控制方程中，然后对控制方程进行直接求解。由于固体方程与流体方程存在很大的差异，非线性强，联立求解要求较高，但更符合实际的多物理场耦合过程。通过求解通式形式的流-固全耦合偏微分方程组，可同时得到渗流场与应力场分布，即实现渗流场和应力场的全耦合法求解。该方法所得结果与实际的物理过程更为一致，能够显著降低运用间接耦合法求解多物理场耦合问题所带来的误差。

对多重孔隙介质而言，体积压裂产生的网络裂缝分别与基质、天然裂缝系统形成两个独立的连续介质系统，二者在空间上是相互重合的，仅通过流体交换（窜流）项建立联系，集合基质、天然裂缝和网络裂缝系统单元特性矩阵方程可以得到总的平衡方程组。

有限元方法是根据变分原理或加权余量法求解数学物理问题的一种数值计算方法，是将微分方程中的变量改写成由各变量或其导数的节点值与所选用的插值函数组成的线性表达式，建立有限元统一积分方程。即对于微分方程：

$$F_1(U) = 0, \quad \forall x \in \Omega \tag{5-45}$$

及其边界条件：

$$F_2(U) = 0, \quad \forall x \in \partial\Omega \tag{5-46}$$

设未知量 U 可用近似函数表示为：

$$U = \sum_{i=1}^{n} N_i a_i = NA \tag{5-47}$$

则微分方程式（5-45）及其边界条件式（5-46）可用 Galerkin 方程统一表示为：

$$\int_{\Omega} a^T F_1(U) \, \mathrm{d}\Omega + \int_{\Gamma} b^T F_2(U) \, \mathrm{d}\Gamma = 0 \tag{5-48}$$

式中，a、b 为任意，式(5-48)即为流固耦合数学模型及其边界条件的等价积分方程。

5.6.1 有限单元力学平衡方程及网格划分

5.6.1.1 耦合系统中的固相力学平衡方程

油藏流固耦合弹塑性变形问题求解的核心是建立平衡方程，而以积分形式描述变形物体平衡的虚位移原理实质上是平衡方程的弱形式。因此，用有效应力原理和虚位移原理建立的有限单元结点力和结点位移关系式即为流固耦合问题单元的平衡方程。

根据虚位移原理，受外力(体积力和表面力)作用下处于平衡状态的油藏岩土单元，当其产生任意微小虚位移时，外力在虚位移上与单元内部应力在虚应变上所做的功相等，即以总应力为基础的单元力学平衡方程可表示为：

$$\int_\Omega \delta\varepsilon_{ij}^T \sigma_{ij} \mathrm{d}\Omega - \int_\Omega \delta u_i^T f_i \mathrm{d}\Omega - \int_\Gamma \delta u_i^T T_i \mathrm{d}\Gamma = 0 \qquad (5-49)$$

式中，$\delta\varepsilon_{ij}$ 为虚应变；δu_i 为虚位移。

为了在单元力学平衡方程中体现出流固耦合特性，将孔隙流体压力加入式(5-49)得到以有效应力为基础的单元力学平衡方程：

$$\int_\Omega \delta\varepsilon_{ij}^T \sigma'_{ij} \mathrm{d}\Omega - \int_\Omega \delta\varepsilon_{ij}^T \alpha\delta_{ij} p_e \mathrm{d}\Omega - \int_\Omega \delta\varepsilon_i^T f_i \mathrm{d}\Omega - \int_\Gamma \delta u_i^T T_i \mathrm{d}\Gamma = 0$$

$$(5-50)$$

由式(5-50)可得到以有效应力为基础的增量形式的单元力学平衡方程：

$$\int_\Omega \delta\varepsilon^T \sigma' \mathrm{d}\Omega - \int_\Omega \delta\varepsilon^T \delta\alpha \mathrm{d}p_e \mathrm{d}\Omega - \mathrm{d}\hat{f} = 0 \qquad (5-51)$$

其中：

$$\mathrm{d}\hat{f} = \int_\Omega \delta u^T \mathrm{d}f \mathrm{d}\Omega + \int_\Gamma \delta u^T \mathrm{d}T \mathrm{d}\Gamma \qquad (5-52)$$

将式(5-6)代入式(5-51)中，并对时间项微分，得到最终

130

的单元力学平衡方程：

$$\int_{\Omega} \delta \varepsilon^T D_T \frac{\partial \varepsilon}{\partial t} \mathrm{d}\Omega - \int_{\Omega} \delta \varepsilon^T \delta \alpha \frac{\partial p_e}{\partial t} \mathrm{d}\Omega - \frac{\mathrm{d}\hat{f}}{\mathrm{d}t} \qquad (5-53)$$

其中：

$$\frac{\mathrm{d}\hat{f}}{\mathrm{d}t} = \int_{\Omega} \delta u^T \frac{\mathrm{d}f}{\mathrm{d}t} \mathrm{d}\Omega + \int_{\Gamma} \delta u^T \frac{\mathrm{d}\Gamma}{\mathrm{d}t} \mathrm{d}\Gamma \qquad (5-54)$$

式(5-53)中左边第二项即为增加的流固耦合项，该项反映与常规岩石平衡方程不同之处。因此，需要结合渗流数学方程和边界条件共同构成完整的流固耦合力学平衡方程。

5.6.1.2 耦合系统中的流体质量守恒方程

在致密储层开发过程中，由于应力场主要对网络裂缝导流能力（裂缝开度）产生影响，且网络裂缝面分别与基质、天然裂缝形成两个连续介质系统，此处仅考虑这两个系统内流体质量守恒。

对于基质-天然裂缝双重介质而言，由储层骨架连续性方程式(5-5)和基质、天然裂缝孔隙介质渗流数学模型（表5-1中），容易得到以质量守恒形式表示的基质和天然裂缝内流体渗流方程：

$$\begin{cases} \rho S_m \dfrac{\partial p_m}{\partial t} + \nabla \cdot (\rho v_m) Q_{mn} - \rho \alpha_B \dfrac{\partial \varepsilon_{mv}}{\partial t} \\[2mm] \rho S_n \dfrac{\partial p_n}{\partial t} + \nabla \cdot (\rho v_n) Q_{nm} - \rho \alpha_B \dfrac{\partial \varepsilon_{nv}}{\partial t} \end{cases} \qquad (5-55)$$

其中系数：

$$S_m = \varepsilon_{mp} C_{mt} + \frac{(\alpha_B - \varepsilon_{mp})(1 - \alpha_B)}{K_{md}}$$

$$S_n = \varepsilon_{np} C_{nt} + \frac{(\alpha_B - \varepsilon_{np})(1 - \alpha_B)}{K_{nd}}$$

式中，下标 m、n 分别代表基质和天然裂缝系统；α_B 为 Biot 系数；C_t 为综合压缩系数；ε_p 为塑性应变量；K_d 为多孔介质排水体积模量；Q_{mn} 表示基质系统向天然裂缝系统的窜流量，$Q_{mn} = -Q_{nm}$。

5.6.1.3 有限元网格划分及边界条件

考虑水平井、网络裂缝和油藏单元特征，分别用线、三角形和四面体单元进行描述，将连续的无限自由度求解单元离散为有限个单元体进行求解。由于应力边界条件和位移边界条件的限制，用大模型嵌套小模型来模拟体积压裂水平井在无限大油藏生产时的边界条件，整个大模型尺寸为 $10000m \times 10000m$，体积压裂水平井所在的研究区尺寸为 $4000m \times 4000m$，水平井段长 $800m$。并采用三角形前沿推进网格划分算法，在水平井和网络裂缝处进行加密处理，利用三角形单元对模型进行剖分，得到整个模型区域网格剖分结果如图 5-5 所示，以及体积压裂水平井近井区域有限元网格剖分结果如图 5-6 所示。

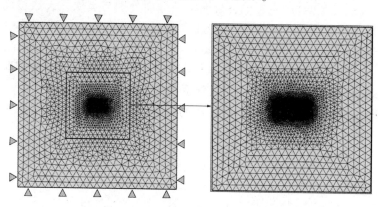

(a) 模拟无限大油藏区域(固定边界)　　　　　　(b) 流固耦合模型研究区域

图 5-5　流固耦合模型区域网格剖分示意图

基质-天然裂缝双重介质模型和人工裂缝裂隙流模型共同组成了体积压裂水平井应力场-渗流场全耦合模型。对于此类问题，要求上述平衡控制方程在连续区域上满足连续性条件，在区域边界上满足边界条件：

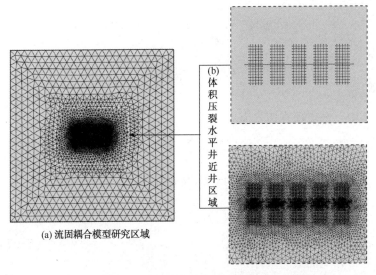

图5-6　体积压裂水平井近井区域网格剖分示意图

（1）存在基质和天然裂缝两套连续且相互重叠的网格系统，且二者之间存在窜流；

（2）整个模型初始水平最大、最小主应力已知，初始应变为零；

（3）整个模型初始孔隙压力已知，初始位移为零；

（4）大模型外边界固定，且无流动；

（5）研究区外边界不固定，流体自由流动；

（6）研究区内有一水平井井筒和五段压裂网络裂缝，水平井井筒为无限导流，油井定流压生产。

5.6.2　渗流场数学模型的有限元空间离散

利用流固耦合数学模型及其边界条件的等价积分方程，可建立渗流微分方程的弱积分形式，最终建立渗流场数学模型的有限元计算格式。

由式（5-23）和式（5-55）可得到：

$$\begin{cases} \dfrac{\partial P_m}{\partial t}\rho S_m + \alpha_B^m \rho \mathrm{d}u_{i,i}^m - \rho\dfrac{K_m}{\mu}\left[(P_m)_{i,i} - x\right] + v_f^m(\rho)_j - Q_{mn} = 0 \\ \dfrac{\partial P_n}{\partial t}\rho S_n + \alpha_B^m \rho \mathrm{d}u_{i,i}^n - \rho\dfrac{K_n}{\mu}(P_n)_{i,i} + v_f^n(\rho)_j - Q_{mn} = 0 \end{cases}$$

$$(5-56)$$

其中，窜流项表达式为：

$$Q_{mn} = \alpha\rho\frac{K_n}{\mu}(P_m - P_n)$$

对于微分方程式(5-45)，取 $U = u$，P^n，可得到：

$$F_l(U) = \frac{\partial P_x}{\partial t}\rho S_x + \alpha_B^x \rho \mathrm{d}u_{ii}^x - \rho\frac{K^x}{\mu}(P^x)_{i,i} + v_i^x(\rho)_i + (-1)^{\frac{x+n-2m}{n-m}}Q_{mn}$$
$$= 0 \quad (x = m, \ n) \tag{5-57}$$

相应的边界条件为：

$$F_2(U) = -q\delta(M - M') - n^T\rho\frac{K^x}{\mu}(P^x)_i \tag{5-58}$$

式中，n 为边界法向向量；q 为边界流量。

将式(5-57)和式(5-58)代入流固耦合数学模型及其边界条件的等价积分方程式(5-48)，同时忽略流体密度的空间导数项可得：

$$\int_\Omega a\frac{\partial P^x}{\partial t}\rho S_x \mathrm{d}\Omega + \int_\Omega a^T\alpha_B^x\rho \mathrm{d}u_{i,\ i}^x \mathrm{d}\Omega +$$

$$\int_\Omega \rho\frac{K^x}{\mu}\left[(\nabla a)(P^x)_{i,\ i} + a\frac{x-n}{m-n}\chi\right]\mathrm{d}\Omega +$$

$$\int_\Omega a(-1)^{\frac{x+n-2m}{n-m}}Q_{mn}\mathrm{d}\Omega - \int_\Gamma bq\delta(M - M')\mathrm{d}\Gamma -$$

$$\int_\Gamma bn^T\rho\frac{K^x}{\mu}(P^x)_{i,\ i}\mathrm{d}\Gamma = 0 \tag{5-59}$$

由于 a、b 为任意，此处取 $a = -b$，式(5-59)整理变形得到：

$$\int_\Omega a\frac{\partial P^x}{\partial t}\rho S_x \mathrm{d}\Omega + \int_\Omega a\alpha_B^x\rho \mathrm{d}u_{i,\ i}^x \mathrm{d}\Omega +$$

$$\int_\Omega \rho \frac{K^x}{\mu} \left[(\nabla a)^T (P^x)_{,\,i} + a \frac{x-n}{m-n} \chi \right] \mathrm{d}\Omega +$$

$$\int_\Omega a(-1)^{\frac{x+n-2m}{n-m}} Q_{mn} \mathrm{d}\Omega - \int_\Gamma aq\delta(M-M') \mathrm{d}\Gamma = 0 \quad (5\text{-}60)$$

利用 Galerkin 方法对式(5-60)中的位移和压力表示为结点变量的插值函数式：

$$\begin{cases} P^x = \overline{N}\overline{P}^x \\ u = \overline{N}\overline{u} \\ \varepsilon = \overline{B}\overline{u} \end{cases} \quad (5\text{-}61)$$

式中，N 为位移场的形函数；$\overline{N}$ 为流体压力场的形函数；此处取 $N=\overline{N}$；B 为应变矩阵，表达式为：

$$B = \begin{vmatrix} \dfrac{\partial}{\partial x} & 0 & 0 \\[2mm] 0 & \dfrac{\partial}{\partial y} & 0 \\[2mm] 0 & 0 & \dfrac{\partial}{\partial z} \\[2mm] \dfrac{\partial}{\partial y} & \dfrac{\partial}{\partial x} & 0 \\[2mm] 0 & \dfrac{\partial}{\partial z} & \dfrac{\partial}{\partial y} \\[2mm] \dfrac{\partial}{\partial z} & 0 & \dfrac{\partial}{\partial x} \end{vmatrix} \overline{N}$$

存在关系式：

$$m^T B \frac{\partial u^x}{\partial t} = m^T C^x D^{m,\,n} B \frac{\partial u}{\partial t} \quad (5\text{-}62)$$

式中，$m = \begin{bmatrix} 1 & 1 & 1 & 0 & 0 & 0 \end{bmatrix}^T$。

将式(5-61)和式(5-62)代入式(5-60)，同时令 a 取 N，得

135

到渗流场数学模型的有限单元积分形式：

$$\int_\Omega N^T \rho S_x N \mathrm{d}\Omega \frac{\partial \overline{P^x}}{\partial t} + \int_\Omega N^T \alpha_B^x \rho m^T C^x D^{m,\,n} B \mathrm{d}\Omega \frac{\partial \overline{u}}{\partial t} +$$

$$\int_\Omega \rho \frac{K^x}{\mu} \left[(\nabla N)^T \nabla N + \frac{x-n}{m-n} x N^T \nabla N \right] \mathrm{d}\Omega \overline{P^x} +$$

$$(-1)^{\frac{x+n-2m}{n-m}} \int_\Omega N^T \alpha \rho \frac{K^n}{\mu} (\overline{P^m} - \overline{P^n}) \mathrm{d}\Omega -$$

$$\int_\Gamma N^T q \delta (M - M') \mathrm{d}\Gamma = 0 \qquad (5\text{-}63)$$

5.6.3 应力场数学模型的有限元空间离散

对于基质-天然裂缝双重介质系统，考虑应力平衡条件，有如下关系式：

$$\sigma_{ij}^m = \sigma_{ij}^n = \sigma_{ij} \qquad (5\text{-}64)$$

$$\varepsilon_{ij} = \varepsilon_{ij}^m + \varepsilon_{ij}^n \qquad (5\text{-}65)$$

若只考虑弹性本构关系，式(5-6)可变形为：

$$\varepsilon_{ij} = C_{ijkl} (\sigma_{kl})' \qquad (5\text{-}66)$$

式中，C_{ijkl} 为柔度张量。

将式(5-64)、式(5-65)和式(5-66)代入式(5-18)中，得到：

$$(D_{ijkl}^{m,n} \varepsilon_{kl} - D_{ijkl}^{m,n} C_{klpq}^m \alpha^m \delta_{pq} P^m - D_{ijkl}^{m,n} C_{klpq}^n \alpha^n \delta_{pq} P^n) + f_j = 0 \quad (5\text{-}67)$$

式中，$D_{ijkl}^{m,n} \varepsilon_{kl}$ 为整个岩石的弹性张量；C_{klpq}^m、C_{klpq}^n 分别为储层基质与天然裂缝系统的柔度张量。二者存在以下关系：

$$D_{ijkl}^{m,n} (C_{klpq}^m + C_{klpq}^n) = \frac{1}{2} (\delta_{ip} \delta_{jq} + \delta_{iq} \delta_{jp}) \qquad (5\text{-}68)$$

将式(5-7)、式(5-65)和式(5-66)得到：

$$\varepsilon_{ij} = (C_{ijkl}^m + C_{ijkl}^n)(\delta_{kl})' = (C_{ijkl}^m + C_{ijkl}^n) \delta_{kl} + (C_{ijkl}^m \alpha^m P^m + C_{ijkl}^n \alpha^n P^n) \delta_{kl}$$

$$(5\text{-}69)$$

$$\sigma_{ij} = D_{ijkl}^{m,n} (\varepsilon_{kl} - C_{ijkl}^m \alpha^m \delta_{pq} P^m - C_{ijkl}^n \alpha^n \delta_{pq} P^n) \qquad (5\text{-}70)$$

由式(5-66)、式(5-69)和式(5-70)可得：

$$\varepsilon_{ij}^m = C_{ijkl}^m \left[D_{ijkl}^{m,n} (\varepsilon_{pq} - C_{pqst}^m \alpha^m \delta_{st} P^m - C_{pqst}^n \alpha^n \delta_{st} P^n) + \alpha^m P^m \delta_{kl} \right]$$

(5-71)

则体积应变为：

$$\varepsilon_{kk}^m = C_{kkpp}^m \left[D_{ppqq}^{m,n} (\varepsilon_{qq} - C_{qqss}^m \alpha^m \delta_{ss} P^m - C_{qqss}^n \alpha^n \delta_{ss} P^n) + \alpha^m P^m \delta_{pp} \right]$$

(5-72)

式(5-72)对时间求导得到：

$$\frac{\mathrm{d}\varepsilon_{kk}^m}{\mathrm{d}t} = C_{kkpp}^m \left[D_{ppqq}^{m,n} \left(\frac{\mathrm{d}\varepsilon_{qq}}{\mathrm{d}t} - C_{qqss}^m \alpha^m \delta_{ss} \frac{\mathrm{d}P^m}{\mathrm{d}t} - C_{qqss}^n \alpha^n \delta_{ss} \frac{\mathrm{d}P^n}{\mathrm{d}t} \right) + \alpha^m \delta_{pp} \frac{\mathrm{d}P^m}{\mathrm{d}t} \right]$$

(5-73)

同理可得：

$$\frac{\mathrm{d}\varepsilon_{kk}^n}{\mathrm{d}t} = C_{kkpp}^n \left[D_{ppqq}^{m,n} \left(\frac{\mathrm{d}\varepsilon_{qq}}{\mathrm{d}t} - C_{qqss}^n \alpha^n \delta_{ss} \frac{\mathrm{d}P^n}{\mathrm{d}t} - C_{qqss}^n \alpha^n \delta_{ss} \frac{\mathrm{d}P^n}{\mathrm{d}t} \right) + \alpha^n \delta_{pp} \frac{\mathrm{d}P^n}{\mathrm{d}t} \right]$$

(5-74)

将式(5-61)代入平衡方程式(5-53)，由虚功原理可得：

$$\delta u^T \left\{ \int_\Omega B^T D^{m,\,n} B \mathrm{d}\Omega \frac{\mathrm{d}\overline{u}}{\mathrm{d}t} - \int_\Omega B^T D^{m,\,n} C^m \alpha^m m N \mathrm{d}\Omega \frac{\mathrm{d}\overline{P}^m}{\mathrm{d}t} - \right.$$

$$\left. \int_\Omega B^T D^{m,\,n} C^n \alpha^n m N \mathrm{d}\Omega \frac{\mathrm{d}\overline{P}^n}{\mathrm{d}t} - \int_\Omega \delta u^T \frac{\mathrm{d}f}{\mathrm{d}t} \mathrm{d}\Omega - \int_\Gamma \delta u^T \frac{\mathrm{d}T}{\mathrm{d}t} \mathrm{d}T \right\} = 0$$

(5-75)

由于任意虚位移 $\delta u^T \neq 0$，式(5-75)可简化为：

$$\int_\Omega B^T D^{m,\,n} B \mathrm{d}\Omega \frac{\mathrm{d}\overline{u}}{\mathrm{d}t} - \int_\Omega B^T D^{m,\,n} C^m \alpha^m m N \mathrm{d}\Omega \frac{\mathrm{d}\overline{P}^m}{\mathrm{d}t} - $$

$$\int_\Omega B^T D^{m,\,n} C^n \alpha^n m N \mathrm{d}\Omega \frac{\mathrm{d}\overline{P}^n}{\mathrm{d}t} = \frac{\mathrm{d}\hat{f}}{\mathrm{d}t}$$

(5-76)

5.6.4 全耦合有限元平衡方程组矩阵形式

考虑在三维基质–天然裂缝系统中加入具有一定开度的二维

离散网络裂缝系统的单元特性矩阵，则渗流场数学模型的有限元空间离散式(5-63)可简写为：

$$M^x \frac{\partial \overline{P}^x}{\partial t} + K^x \frac{\partial \overline{u}}{\partial t} + (H_1^x + H_2) \times \overline{P}^x - H_2 \overline{P}^x - Q^x = 0 \qquad (5-77)$$

即：

$$\begin{cases} M^m \dfrac{\partial \overline{P}^m}{\partial t} + K^m \dfrac{\partial \overline{u}}{\partial t} + (H_1^m + H_2) \times \overline{P}^m - H_2 \overline{P}^n - Q^m = 0 \\[3mm] M^n \dfrac{\partial \overline{P}^n}{\partial t} + K^n \dfrac{\partial \overline{u}}{\partial t} + (H_1^n + H_2) \times \overline{P}^n - H_2 \overline{P}^m - Q^n = 0 \end{cases} \qquad (5-78)$$

式(5-78)中：

$$M^m = \iiint\limits_{\Omega_e} N_e{}^T \rho S_m N_e \mathrm{d}\Omega_e + d_f \phi_f C_f \iint\limits_{\Omega_{e,f}} N_{e,f}^T N_{e,f} \mathrm{d}\Omega_{e,f}$$

$$M^n = \iiint\limits_{\Omega_e} N_e{}^T \rho S_n N_e \mathrm{d}\Omega_e + d_f \phi_f C_f \iint\limits_{\Omega_{e,f}} N_{e,f}^T N_{e,f} \mathrm{d}\Omega_{e,f}$$

$$K^m = \iiint\limits_{\Omega_e} N_e{}^T \alpha_B^n \rho m^T C_e{}^m D_e{}^{m,n} B_e \mathrm{d}\Omega_e$$

$$K^n = \iiint\limits_{\Omega_e} N_e{}^T \alpha_B^n \rho m^T C_e{}^n D_e{}^{m,n} B_e \mathrm{d}\Omega_e$$

$$H_1{}^m = \rho \frac{K^m}{\mu} \iiint\limits_{\Omega_e} [(\nabla N_e)^T \nabla N_e + \chi N_e{}^T \nabla N_e] \mathrm{d}\Omega_e +$$

$$d_f \rho \frac{K^f}{\mu} \iint\limits_{\Omega_{e,f}} \nabla N_{e,f}^T \nabla N_{e,f} \mathrm{d}\Omega_{e,f}$$

$$H_1{}^n = \rho \frac{K^n}{\mu} \iiint\limits_{\Omega_e} (\nabla N_e)^T \nabla N_e \mathrm{d}\Omega_e + d_f \rho \frac{K^f}{\mu} \iint\limits_{\Omega_{e,f}} \nabla N_{e,f}^T \nabla N_f \mathrm{d}\Omega_{e,f}$$

$$H_2 = \alpha \rho \frac{K^n}{\mu} \iiint\limits_{\Omega_e} N_e{}^T \mathrm{d}\Omega_e$$

$$Q^m = 2\pi h \iiint\limits_{\Omega_e} q_m N_e{}^T \delta(M - M') \mathrm{d}\Omega +$$

$$d_f 2\pi h \iint\limits_{\Omega_{e,f}} q_f N_{e,f}^T \delta(M - M') \, \mathrm{d}\Omega_{e,f}$$

$$Q^n = 2\pi h \iiint\limits_{\Omega_e} q_n N_e^{\ T} \delta(M - M') \, \mathrm{d}\Omega_e +$$

$$d_f 2\pi h \iint\limits_{\Omega_{e,f}} q_f N_{e,f}^T \delta(M - M') \, \mathrm{d}\Omega_{e,f}$$

在三维空间中应力场数学模型的有限元空间离散式(5-76)可简写为：

$$K\frac{\mathrm{d}\overline{u}}{\mathrm{d}t} - L^m\frac{\mathrm{d}\overline{P}^m}{\mathrm{d}t} - L^n\frac{\mathrm{d}\overline{P}^n}{\mathrm{d}t} = \frac{\mathrm{d}\hat{f}}{\mathrm{d}t} \qquad (5-79)$$

其中：

$$K = \iiint\limits_{\Omega_e} B_e^T D_e^{m,\ n} B_e \mathrm{d}\Omega_e$$

$$L^m = \iiint\limits_{\Omega_e} B_e^T D_e^{m,\ n} C_e^m \alpha^m m N_e \mathrm{d}\Omega_e$$

$$L^n = \iiint\limits_{\Omega_e} B_e^T D_e^{m,\ n} C_e^n \alpha^n m N_e \mathrm{d}\Omega_e$$

$$\mathrm{d}\hat{f} = \iiint\limits_{\Omega_e} N_e^T \mathrm{d}f \mathrm{d}\Omega_e + \int\limits_{\Gamma_e} N_e^T \mathrm{d}f \mathrm{d}\Gamma_e$$

联立三维空间中渗流场数学模型的有限元空间离散式(5-78)和应力场数学模型的有限元空间离散式(5-79)，得到基于基质-天然裂缝-网络裂缝多重多尺度孔隙介质的致密油藏体积压裂水平井单相流体渗流场-应力场全耦合有限元平衡方程组矩阵形式：

$$\begin{bmatrix} 0 & 0 & 0 \\ 0 & H_1^m + H_2 & -H_2 \\ 0 & -H_2 & H_1^n + H_2 \end{bmatrix} \begin{Bmatrix} \overline{u} \\ \overline{P}^m \\ \overline{P}^n \end{Bmatrix} + \begin{bmatrix} K & L^m & L^n \\ K^m & M^m & 0 \\ K^n & 0 & M^n \end{bmatrix} \frac{\mathrm{d}}{\mathrm{d}t} \begin{Bmatrix} \overline{u} \\ \overline{P}^m \\ \overline{P}^n \end{Bmatrix} = \begin{Bmatrix} \dfrac{\mathrm{d}\hat{f}}{\mathrm{d}t} \\ Q^m \\ Q^n \end{Bmatrix}$$

$$(5-80)$$

5.6.5　全耦合有限元控制方程时间域离散

上述平衡方程组在三维空间域上把连续的应力场-渗流场数学模型进行了离散化，而在时间域上流固耦合问题仍是连续问题，需要将原来在时间域上连续的物理量的场（如速度场、压力场等），用一系列有限个时间步的集合来代替，通过一定的原则和方式建立起关于这些离散时间步上场变量之间关系的代数方程组，然后求解该代数方程组来最终获得物理场变量的数值解。

时域上的离散可认为是一维有限元离散，可利用步进式积分及叠加得到未知参数的总变化。即如果 $F=0$，则存在一个不为零的任意时间函数 $\bar{\xi}$，使方程 $\int \bar{\xi} F \mathrm{d}t = 0$ 成立。

当对方程式（5-80）进行时间步积分时，需要求出以下方程的解：

$$\int_{t_i}^{t_i+\Delta t_i} \bar{\xi} \begin{bmatrix} 0 & 0 & 0 \\ 0 & H_1^m + H_2 & -H_2 \\ 0 & -H_2 & H_1^n + H_2 \end{bmatrix} \begin{Bmatrix} \bar{u} \\ \bar{P}^m \\ \bar{P}^n \end{Bmatrix} \mathrm{d}t + \int_{t_i}^{t_i+\Delta t_i} \bar{\xi}$$

$$\begin{bmatrix} K & L^m & L^n \\ K^m & M^m & 0 \\ K^n & 0 & M^n \end{bmatrix} \frac{\mathrm{d}}{\mathrm{d}t} \begin{Bmatrix} \bar{u} \\ \bar{P}^m \\ \bar{P}^n \end{Bmatrix} \mathrm{d}t = \int_{t_i}^{t_i+\Delta t_i} \bar{\xi} \begin{Bmatrix} \dfrac{\mathrm{d}\hat{f}}{\mathrm{d}t} \\ Q^m \\ Q^n \end{Bmatrix} \mathrm{d}t \qquad (5-81)$$

式中，Δt_i 为第 i 个时间步长。

为了求取未知量对时间的一阶导数离散形式，令未知量对每一时间步均符合线性变化，即：

$$\begin{bmatrix} \bar{u} & \bar{P}^m & \bar{P}^n \end{bmatrix} = \begin{bmatrix} N_1' & N_1' \end{bmatrix} \cdot \begin{bmatrix} \bar{u}_t & \bar{P}_t^m & \bar{P}_t^n \\ \bar{u}_t + \Delta_{t_i} & \bar{P}_t^m + \Delta_{t_i} & \bar{P}_t^n + \Delta_{t_i} \end{bmatrix}$$

$$(5-82)$$

式中，$N_1^{'} = 1 - \omega$，$N_2^{'} = \omega$，$\omega = (t - t_i) / \Delta_{t_i} \in [0, 1]$，Galerkin 格式的 ω 取 2/3。

因此有：

$$\frac{\mathrm{d}}{\mathrm{d}t}[N_1^{'} \quad N_1^{'}] = \left[-\frac{1}{\Delta_{t_i}} \quad \frac{1}{\Delta_{t_i}}\right] \tag{5-83}$$

将式（5-82）和式（5-83）代入式（5-81）得到：

$$\int_{t_i}^{t_i + \Delta t_i} \bar{\xi} \begin{bmatrix} 0 & 0 & 0 \\ 0 & H_1^m + H_2 & -H_2 \\ 0 & -H_2 & H_1^n + H_2 \end{bmatrix} \left[(1-\omega)\begin{Bmatrix} \bar{u} \\ \bar{P}^m \\ \bar{P}^n \end{Bmatrix}_{t_i} + \omega \begin{Bmatrix} \bar{u} \\ \bar{P}^m \\ \bar{P}^n \end{Bmatrix}_{t_i + \Delta t_i}\right] \mathrm{d}t +$$

$$\int_{t_i}^{t_i + \Delta t_i} \bar{\xi} \begin{bmatrix} K & L^m & L^n \\ K^m & M^m & 0 \\ K^n & 0 & M^n \end{bmatrix} \left[-\frac{1}{\Delta_{t_i}}\begin{Bmatrix} \bar{u} \\ \bar{P}^m \\ \bar{P}^n \end{Bmatrix}_{t_i} + \frac{1}{\Delta_{t_i}}\begin{Bmatrix} \bar{u} \\ \bar{P}^m \\ \bar{P}^n \end{Bmatrix}_{t_i + \Delta t_i}\right] \mathrm{d}t$$

$$= \int_{t_i}^{t_i + \Delta t_i} \bar{\xi} \begin{Bmatrix} \dfrac{\mathrm{d}\hat{f}}{\mathrm{d}t} \\ Q^m \\ Q^n \end{Bmatrix} \mathrm{d}t$$

$$\tag{5-84}$$

式中，矩阵 K、H、L、M 和力矢量在每个时间步内都需要进行计算，将其积分并同时除以 $\bar{\xi}$ 整理得到全耦合有限元控制方程时间域离散形式：

$$\begin{bmatrix} K & L^m & L^n \\ K^m & M^m + (H_1^m + H_2)\Delta t_i & -H_2 \Delta t_i \\ K^n & -H_2 \Delta t_i & M^m + (H_1^n + H_2)\Delta t_i \end{bmatrix} \begin{Bmatrix} \bar{u} \\ \bar{P}^m \\ \bar{P}^n \end{Bmatrix}_{t_i + \Delta t_i}$$

$$= \begin{bmatrix} K & L^m & L^n \\ K^m & M^m & 0 \\ K^n & 0 & M^n \end{bmatrix} \begin{Bmatrix} \bar{u} \\ \bar{P}^m \\ \bar{P}^n \end{Bmatrix}_{t_i} + \begin{Bmatrix} \dfrac{\mathrm{d}\hat{f}}{\mathrm{d}t} \\ Q^m \\ Q^n \end{Bmatrix} \Delta t_i \tag{5-85}$$

对于求解区域及边界上的所有有限元结点，都需要建立式(5-85)这样的控制方程时间域离散形式来求解未知的结点位移和孔隙压力。方程总数与求解系统未知变量的总数（系统总的自由度）一致。

5.6.6 流–固全耦合模型求解步骤及流程

根据渗流场-应力场全耦合有限元平衡方程组统一矩阵及其时间域离散求解方程组矩阵形式，制定致密油藏体积压裂水平井产能模型流固全耦合有限元数值求解流程图，如图5-7所示。

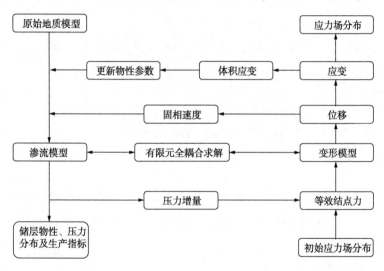

图5-7 流固全耦合求解流程图

致密油藏体积压裂水平井产能模型流固全耦合有限元数值求解步骤分为：

（1）将求解过程划分成若干个时间步增量，$T=0$，t_1，t_2，$\cdots$，t_n；

（2）对任一时间步$[t_i, t_{i+1}]$，利用t_i时刻求得到的量计算未知矩阵K、H、L、M和力矢量；

（3）利用第（2）步中得到的各矩阵值按式（5-85）组装成整体矩阵和右端矩阵，形成时刻 t_{i+1} 的有限元代数方程组；

（4）利用消去法求解上述方程组，得到时刻 t_{i+1} 的变量：$\overline{u}_{i+1}$ 和 $\overline{P}_{i+1}^m$、$\overline{P}_{i+1}^n$；

（5）利用第（4）步得到的 $\overline{u}_{i+1}$ 计算该时刻固相应力 σ_{i+1} 和应变 ε_{i+1}，更新参数；

（6）重复第（2）至第（5）步，直至 t_n 求解时间结束。

5.7　致密油藏流固全耦合体积压裂水平井数值模拟

依据我国鄂尔多斯盆地陇东致密油藏实际地质参数及水平井体积压裂微震监测数据，确定致密油藏流固全耦合体积压裂水平井数值模拟基础地质及开发参数，包括储层及流体参数（表5-2）、岩石力学特性参数（表5-3）和体积压裂水平井开发参数（表5-4）。代入时域离散控制方程进行致密油藏岩石应力-应变变化、储层物性参数动态变化规律及水平井产能特征分析。

表 5-2　致密油藏储层及流体参数

参　数	值
油藏面积大小/m^2	4000×4000
油藏埋深/m	2300
油层厚度/m	15
原始地层压力/MPa	20
流体密度/(kg/m^3)	1000
流体黏度/mPa·s	1
流体压缩系数/MPa^{-1}	0.001

143

续表

参　数	值
孔隙压缩系数/MPa^{-1}	0.00075
天然裂缝压缩系数/MPa^{-1}	0.0075
网络裂缝压缩系数/MPa^{-1}	0.0075
基质孔隙度	0.07
天然裂缝孔隙度	0.0001
网络裂缝孔隙度	0.38
基质渗透率(k_m)/10^{-3}μm^2	0.2
天然裂缝渗透率(k_f)/10^{-3}μm^2	$10k_m$
形状因子/(1/m^2)	12

表 5-3　致密油藏岩石力学特性参数

参　数	值
最小水平主应力/MPa	30.2
最大水平主应力/MPa	35.2
基质系统岩石平均杨氏模量/GPa	20
天然裂缝系统岩石平均杨氏模量/GPa	10
岩石泊松比	0.25
岩石密度/(kg/m^3)	2000

表 5-4　致密油藏体积压裂水平井开发参数

参　数	值
井型	水平井体积压裂
压裂段数/段	5
段间距/m	160

续表

参　数	值
缝网带长/m	300
缝网带宽/m	100
布缝形式	均匀等长型
缝网开度(d_f)/m	0.0002
导流能力/$\mu m^2 \cdot cm$	$d_f^3/12 \times 10^{14}$
裂缝开度分布方式	椭圆形分布
采油井井底流压/MPa	12

5.7.1　致密油藏岩石应力−应变变化规律

为了分析致密油藏岩石应力−应变的变化规律，模拟体积压裂水平井生产过程10年，分别得到不同开发阶段系统最大主应力和最小主应力等值线分布(图5−8、图5−9)、不同开发阶段基质系统与天然裂缝系统体积应变等值线分布(图5−10)和系统总位移等值线分布(图5−11)。从上述等值线分布图中分析致密油藏岩石应力−应变在空间上和时间上的变化规律：

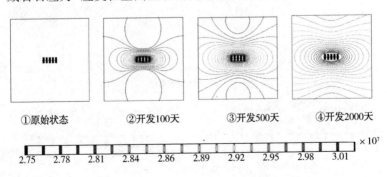

①原始状态　　　　②开发100天　　　　③开发500天　　　　④开发2000天

| 2.75 | 2.78 | 2.81 | 2.84 | 2.86 | 2.89 | 2.92 | 2.95 | 2.98 | 3.01 |

$\times 10^7$

图5−8　不同开发阶段最小主应力(X方向)等值线分布图

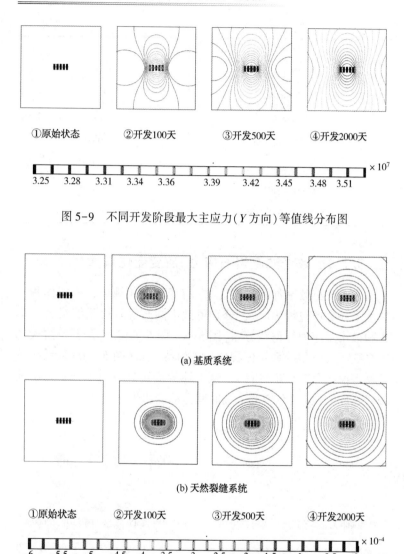

①原始状态　　②开发100天　　③开发500天　　④开发2000天

$\times 10^7$

3.25　3.28　3.31　3.34　3.36　3.39　3.42　3.45　3.48　3.51

图5-9　不同开发阶段最大主应力(Y方向)等值线分布图

(a) 基质系统

(b) 天然裂缝系统

①原始状态　　②开发100天　　③开发500天　　④开发2000天

$\times 10^{-4}$

-6　-5.5　-5　-4.5　-4　-3.5　-3　-2.5　-2　-1.5　-1　-0.5　0

图5-10　不同开发阶段基质与天然裂缝系统体积应变等值线分布图

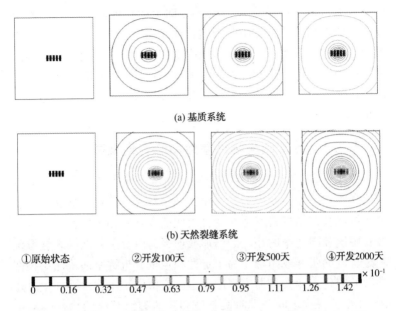

(a) 基质系统

(b) 天然裂缝系统

①原始状态　　②开发100天　　③开发500天　　④开发2000天

| 0 | 0.16 | 0.32 | 0.47 | 0.63 | 0.79 | 0.95 | 1.11 | 1.26 | 1.42 | ×10⁻¹ |

图5-11　不同开发阶段基质与天然裂缝系统总位移等值线分布图

（1）在空间上，应力-应变量在网络裂缝附近作用明显，向油藏外边界很快减小。①由于体积压裂水平井定井底流压生产时，在网络裂缝附近形成了较大的压力梯度，网络裂缝附近水平应力、体积应变和总位移量变化梯度明显较大，其中最大水平应力在 Y 方向上作用范围较大，最小水平主应力在 X 方向上影响范围较大；②远井地带孔隙内流体压力梯度较小，并向油藏外边界快速减弱，最大、最小水平主应力在 X 和 Y 方向上作用较弱，应力-应变量变化较小。

（2）在时间上，应力-应变量随生产时间逐渐减小，并趋于稳定，整个开发阶段天然裂缝系统的体积应变和总位移量均大于基质系统。①生产初期，水平井井底压力与油藏压力差引起较大的压力梯度，同时，水平应力、体积应变和总位移量在水平井网络裂缝控制范围内变化较大，其中最大水平应力在 X 方向上的

147

梯度较大，最小水平主应力在 Y 方向上的梯度较大；②随着开发时间的增加，整个油藏范围内，在流固耦合作用下，流体压力梯度变化较小，水平应力、体积应变和总位移的变化量相应地降低，应力场与渗流场相互作用逐渐减弱；③开发后期，渗流场与应力场相互作用逐渐趋于平衡，此时流体压力及应力-应变均变化很小。

5.7.2 致密储层物性参数动态变化规律

由于受岩石应力-应变的影响，在水平井生产过程中，随着介质孔隙内外压力及应力的变化，储层基质、天然裂缝和天然裂缝系统的孔隙结构将发生改变，由此造成基质和天然裂缝系统有效孔隙度和渗透率的相应增加或损失，以及引起网络裂缝系统一定程度的张开或闭合。为了定性和定量分析致密油藏储层物性参数的变化规律及其损失程度大小，模拟体积压裂水平井生产过程10年，得到不同开发阶段基质和天然裂缝系统的物性参数平面分布(图5-12)和天然裂缝开度分布(图5-13)，计算得到基质和天然裂缝孔隙系统空间中距离水平井井筒不同位置测试点(图5-14)的孔隙度与渗透率损失程度变化曲线(图5-15)，以及体积压裂水平井各压裂段网络裂缝平均开度损失程度随生产时间的变化关系曲线(图5-16)。

从上述基质、天然裂缝和天然裂缝系统的物性分布图及其损失幅度曲线，分析储层物性参数的变化规律主要表现在：

(1)在同一位置处，天然裂缝系统的孔、渗损失幅度均远大于基质系统，基质系统物性参数变化不大。天然裂缝系统由于渗透率较大，内部流体流动能力强，孔隙系统压力传播较快，应力-应变量大于基质系统，由于岩石致密，基质物性参数变化不大。

(2)近井处开发初期孔渗大幅降低，之后趋于平稳；远井处孔、渗损失较小。生产井附近压差较大，应力-应变量相应较大，导致孔隙结构的剧烈改变。

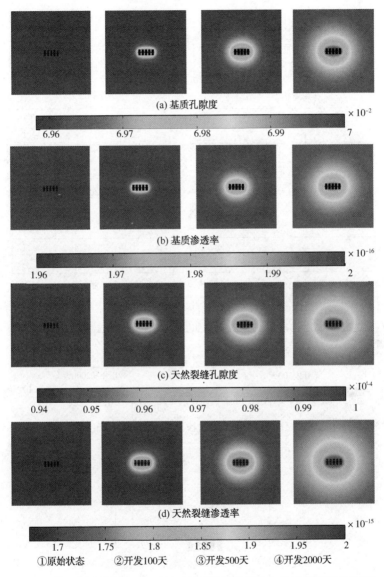

(a) 基质孔隙度

$$\times 10^{-2}$$

| 6.96 | 6.97 | 6.98 | 6.99 | 7 |

(b) 基质渗透率

$$\times 10^{-16}$$

| 1.96 | 1.97 | 1.98 | 1.99 | 2 |

(c) 天然裂缝孔隙度

$$\times 10^{-4}$$

| 0.94 | 0.95 | 0.96 | 0.97 | 0.98 | 0.99 | 1 |

(d) 天然裂缝渗透率

$$\times 10^{-15}$$

| 1.7 | 1.75 | 1.8 | 1.85 | 1.9 | 1.95 | 2 |

①原始状态　②开发100天　③开发500天　④开发2000天

图 5-12　不同开发阶段基质和天然裂缝的孔隙度与渗透率平面分布图

149

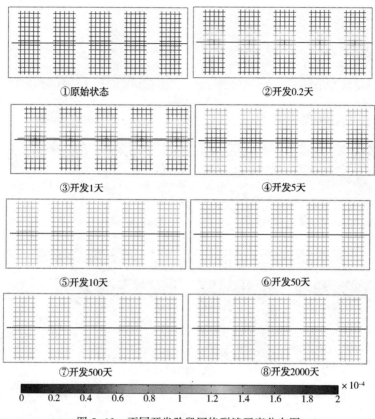

①原始状态　　　　　　　　　　②开发0.2天

③开发1天　　　　　　　　　　④开发5天

⑤开发10天　　　　　　　　　　⑥开发50天

⑦开发500天　　　　　　　　　　⑧开发2000天

0　0.2　0.4　0.6　0.8　1　1.2　1.4　1.6　1.8　2 ×10⁻⁴

图 5-13　不同开发阶段网络裂缝开度分布图

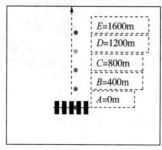

图 5-14　距离水平井井筒不同位置测试点示意图

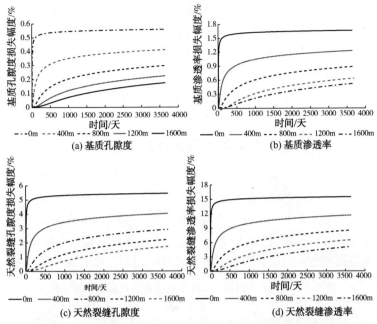

(a) 基质孔隙度

(b) 基质渗透率

(c) 天然裂缝孔隙度

(d) 天然裂缝渗透率

图 5-15 不同位置、不同开发阶段基质和天然裂缝的孔隙度
与渗透率损失幅度曲线

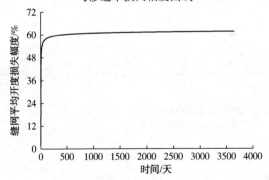

图 5-16 不同开发阶段网络裂缝平均开度损失幅度曲线

(3) 开发初期, 由于缝网具有高导流能力, 缝内流体损失严重, 缝网系统内部压力迅速下降, 网络裂缝开度急速降低, 并以

各压裂段射孔点为中心、沿网络裂缝快速向外蔓延，开发 50 天时缝网平均开度损失高达 60%左右，之后趋于稳定。

因此，油藏应力-应变随空间和时间的变化规律决定了储层孔隙介质物性参数在时间和空间上的变化特征，而储层物性参数的改变必然引起渗流场的变化，导致水平井生产动态开发指标发生某种程度的改变。

5.7.3 全耦合体积压裂水平井生产动态

分别模拟致密油藏体积压裂水平井开发仅考虑渗流场的未耦合和考虑应力场-渗流场的全耦合情况，得到未耦合与全耦合模型日产量和累计产量对比曲线（图 5-17）及基质和天然裂缝系统地层压力对比曲线（图 5-18），统计不同开发阶段日产量和递减率情况（表 5-5），计算得到产量比和地层压力比曲线（图5-19）。

表 5-5　不同开发阶段体积压裂水平井日产量和递减率情况

日产量/m³ 递减率/%	1 个月	3 个月	6 个月	12 个月	24 个月
未耦合模型	79.31	52.10	40.71	27.52	15.76
	—	34.31	48.67	65.30	80.13
全耦合模型	47.58	29.18	23.16	18.36	13.22
	—	63.21	70.80	76.85	83.33

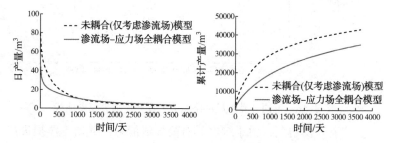

图 5-17　未耦合与全耦合模型日产量和累计产量对比曲线

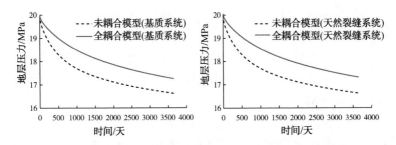

图 5-18 未耦合与全耦合模型基质和天然裂缝系统地层压力对比曲线

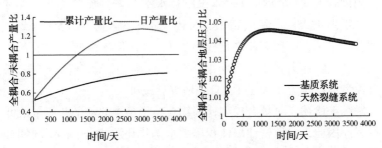

图 5-19 未耦合与全耦合模型产量比和地层压力比曲线

在致密油藏体积压裂水平井开发过程中，油藏岩石变形对水平井生产动态的影响表现在：一方面，储层岩石基质与天然裂缝系统的变形收缩会增加油藏系统弹性能量，有利于提高产量；另一方面，岩石的变形收缩必须引起储层物性变差，孔、渗损失，不利于流体流动。利用模拟结果对比曲线及统计数据，从定性和定量角度对比分析全耦合与未耦合体积压裂水平井生产动态，得到全耦合体积压裂水平井生产动态变化规律：

（1）全耦合与未耦合对比定性分析。①考虑流固耦合效应时，产量明显降低。开发初期由于岩石变形引起的多重介质物性变差对产量的负影响大于岩石收缩引起的弹性能量增加对产量的正影响，而开发后期岩石变形引起的多重介质孔渗降低对产量的负影响程度减弱。考虑流固耦合效应时水平井初期日产量低于未耦合模型，二者后期产量几乎一致；全耦合模型累计产量明显降低。②考虑流固耦合效应时，平均地层压力降低缓慢。由于受岩石应力-应变影响，考虑流固耦合效应时油藏基质系统和天然裂缝系统平均地层压力均明显高于未耦合时，该影响相当于岩石变形对孔隙内流体流动压力的改变起到某种程度的缓冲作用。

（2）全耦合与未耦合对比定量分析。①全耦合与未耦合模型日产量比由 0.55 逐渐增大，超越 1 之后维持在 1.25 左右。考虑流固耦合效应（全耦合）时体积压裂水平井产量递减更大，第 1 年产量由 47.58m³ 降低到 18.36m³，递减率达到 76.85%。②全耦合与未耦合模型累积产量比小于 1，且比例逐渐增大，二者累积产量差距逐渐减小，后期维持在 0.81 左右。③全耦合与未耦合模型地层压力比大于 1，且先增大后减小。

综上所述，全耦合模型比未耦合模型预测的水平井产量值低得多。因此，在致密油藏体积压裂水平井开发过程中，流固耦合效应是不容忽视的。

5.7.4 体积压裂水平井产能贡献度分析

在准确预测致密油藏体积压裂水平井生产动态的基础上，搞清其产量在不同开发阶段的组成比例对认识致密储层衰竭开发动态能量变化问题具有一定的理论意义。为了进一步定量分析基质、天然裂缝和网络裂缝组成的多重孔隙介质系统各自对水平井产量的贡献程度，利用未耦合和全耦合模型分别模拟三种情况下水平井的生产过程，即仅存在基质系统、存在基质-天然裂缝系统、存在基质-天然裂缝-网络裂缝系统，分别得到未耦合和全耦合模型中基质、天然裂缝和网络裂缝三个系统对水平井累计产量的贡献比例，如图 5-20 和图 5-21 所示。基于模拟结果，统计得到未耦合和全耦合模型不同开发阶段体积压裂水平井产量贡献情况，见表 5-6。

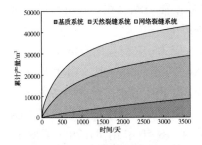
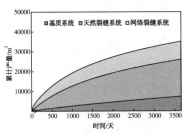

图 5-20 未耦合模型产量贡献
比例图

图 5-21 全耦合模型产量贡献
比例图

表 5-6 未耦合和全耦合模型不同开发阶段体积压裂水平井产量贡献情况

未耦合模型 全耦合模型	基质系统产能 贡献比例/%	天然裂缝系统产能 贡献比例/%	网络裂缝系统产能 贡献比例/%
1 年	7.85	43.67	48.48
	11.49	46.72	41.79
5 年	14.60	49.23	36.17
	16.61	53.61	29.78
10 年	20.49	46.79	32.72
	21.24	53.02	25.74

致密油藏基质、天然裂缝和网络裂缝系统对水平井产能贡献定量分析：

（1）两种模型模拟结果均表明：天然裂缝和网络裂缝系统对体积压裂水平井产能贡献大，基质系统产能贡献最小。开发初期主要依靠网络裂缝和天然裂缝的高速导流能力快速供液，第 1 年二者产能贡献比相差不大，均达到 40% 以上；之后由于网络裂缝一定程度的闭合，其产能贡献比下降，水平井主要依靠天然裂缝系统供液，第 5 年天然裂缝产能贡献比最高，达到 50% 左右；基质系统在水平井整个开发阶段产能贡献均最小，但随着天然裂缝和网络裂缝物性参数变差，基质产能贡献比相应有所增加，第10年基质产能贡献比增大到20%以上。

（2）当考虑流固耦合作用时，应力-应变作用对网络裂缝开度(决定缝网导流能力)影响较大。考虑应力场时，由于开发初期网络裂缝内压差大，缝内孔隙压力下降迅速，导致网络裂缝快速闭合，整个水平井开发过程中，全耦合模型中缝网系统对产能贡献比例下降较快，第1年到第10年中由41.79%下降到25.74%，其值均低于不考虑应力场时(未耦合模型)，降低幅度在6~7个百分点；基质和天然裂缝系统产能贡献相应提升，开发后期(第10年)天然裂缝系统产能贡献最大，到达53.02%，而基质和网络裂缝系统对水平井产量的贡献比例相差不大，在21%~26%之间。

5.7.5 体积压裂水平井产能变化规律分析

基于陇东致密油藏实际地质参数(储层及流体、岩石力学参数)，建立流-固全耦合体积压裂水平井产能预测模型，以衰竭开发模拟10年的水平井生产动态，分析储层改造体积 SRV、水平井压裂段、缝网导流能力和井型-缝网对水平井产能的影响规律。

5.7.5.1 储层改造体积 SRV 对水平井产能的影响

设计五种储层改造体积方案 A1~A5，即 SRV 分别为 $150 \times 10^4 m^3$、$187.5 \times 10^4 m^3$、$225 \times 10^4 m^3$、$262.5 \times 10^4 m^3$ 和 $300 \times 10^4 m^3$，模拟得到不同储层改造体积下水平井的生产动态曲线，如图5-22。

从图中可以看出，水平井产量与 SRV 成正相关。体积压裂产生的复杂缝网区域，提高了域内储层渗透率，增大了致密储层泄油体积和缝网系统的压力传播速度，大幅度减小了流体向裂缝的有效渗流距离，而未改造区域的渗流阻力依然较大。当各方案改造体积增幅为 25%、50%、75% 和 100% 时，10 年累计产量增幅分别为 13%、27%、41% 和 54%。若考虑经济因素，SRV 越大成本越高，因此存在最优的改造体积。

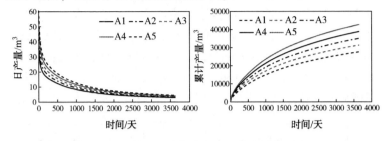

图 5-22　储层改造体积对水平井产能的影响

5.7.5.2　压裂段数对水平井产能的影响

设计五种方案 B1~B5，分别为压裂 1 段(直井体积压裂)、3 段、5 段、7 段和 9 段，模拟得到不同压裂段数下水平井的生产动态曲线，如图 5-23 所示。

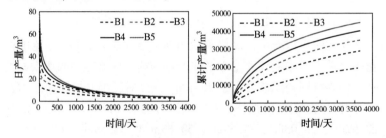

图 5-23　压裂段数对水平井产能的影响

从图中可以看出，压裂段数对初期日产量影响较大，水平井体积压裂增产效果明显好于直井体积压裂，且压裂段数越多产量越高。但压裂段数越多，缝间干扰越严重，导致增产幅度相应降低。B1~B5 各方案初期日产量分别为 15.84m³、32.16m³、47.58m³、62.91m³ 和 78.35m³；B2~B5 各水平井体积压裂方案相对于 B1 直井体积压裂方案的 10 年累计产量增幅分别为 48%、79%、106% 和 128%。因此，认为致密油藏体积压裂水平井的缝网改造段数并非越多越好，存在最优压裂段数。

5.7.5.3 缝网导流能力对水平井产能的影响

网络裂缝系统是致密油藏水平井生产的主要流动通道，其张开程度(导流能力的强弱)直接影响着油井产量的大小。设计五种方案 C1 ~ C5，网络裂缝开度(导流能力)分别为 0.00002m $(0.067\mu m^2 \cdot cm)$、0.00011m $(11\mu m^2 \cdot cm)$、0.0002m $(67\mu m^2 \cdot cm)$、0.00029m $(203\mu m^2 \cdot cm)$ 和 0.00038m $(457\mu m^2 \cdot cm)$，模拟得到不同缝网导流能力下水平井的生产动态曲线，如图 5-24 所示。

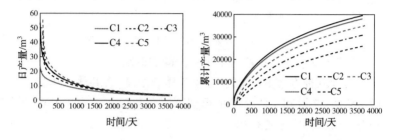

图 5-24　缝网导流能力对体积压裂水平井产能的影响

从图中可以看出，网络裂缝开度(导流能力)在一定范围内对水平井产量影响较大。水平井产量随缝网导流能力的增大而增加，但当缝网导流能力大于 $203\mu m^2 \cdot cm$ 后，再增加导流能力对水平井产量的贡献很小；C1 ~ C5 各方案初期日产量分别为 $23.92m^3$、$36.03m^3$、$47.58m^3$、$53.63m^3$ 和 $55.59m^3$；C2 ~ C5 各方案相对于 C1 方案的 10 年累计产量增幅分别为 19%、35%、47% 和 51%。因此，认为致密油藏体积压裂水平井的网络裂缝导流能力存在合理值。

5.7.5.4 井型-缝网对水平井产能的影响

借鉴北美地区对非常规油气成功的开发经验，其钻井先后经历了直井、水平井和丛式"井工厂"(图 5-25)的发展历程。致密储层具有低孔特征和极低的基质渗透率，因此压裂是致密油开发的主体技术。为了提高开发的合理性与经济性，探索适合我国致密油高效开发的井型-缝网工厂化模式，设计五种不同井型-缝网方案 D1~D5，分别为直井常规压裂、水平井分段压裂、直井体积压裂、水平井体积压裂和体积压裂水平井"井工厂"开发模式，模拟得到不同井型-缝网开发方式下油井生产动态曲线，如图 5-26 所示。

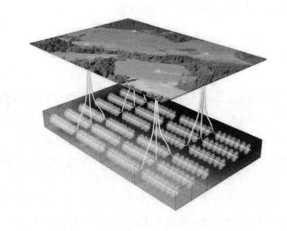

图 5-25 非常规储层井工厂开发示意图

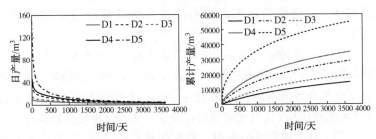

图 5-26 井型-缝网对水平井产能的影响

从不同井型-缝网开发方式下油井的生产动态曲线可以看出，体积压裂水平井"井工厂"开发模式优势十分明显。D1~D5 各方案初期日产量分别为 $10.46m^3$、$36.21m^3$、$15.84m^3$、$47.58m^3$ 和 $149.24m^3$；D2~D5 各方案相对于 D1 方案的 10 年累计产量增幅分别为 96%、32%、137% 和 273%。因此，体积压裂水平井工厂化开发模式在初期采油速度和最终采收率方面均具有较大优势。我国大多数致密油有利区存在交通不便、水资源缺乏和井场选择受限等不利因素，采用水平井体积压裂的"井工厂"规模开发模式对推动致密油合理开发具有重要作用，其高效经济的开发方式将是今后发展的主要趋势。

5.8　小　结

本章主要讨论致密油藏体积压裂水平井单井衰竭开发情况下流固全耦合数值模拟的相关情况，重点论述了流固耦合效应对岩石应力-应变、储层物性及水平井生产动态的影响规律及作用机理，分析了不同裂缝参数下水平井产能的变化规律，并探索了致密油"井工厂"开发模式。取得了以下成果：

（1）基于有效应力原理及改造区流动特征，建立了致密油藏体积压裂水平井应力场-渗流场耦合数学模型，并建立了致密储层多重孔隙介质系统（基质、天然裂缝和人工裂缝）储集空间的孔隙度、渗透率及压缩系数等物性参数的动态变化规律理论模型。

（2）分别对应力场和渗流场数学模型进行了有限元空间及时间域离散，利用 Galerkin 加权余量有限元方法对流固耦合模型进行了全耦合数值求解，并分别与 eclipse 有限差分模型和未耦合（仅考虑渗流场）有限元模型对比验证了该数值算法的准确性。

（3）数值模拟结果表明，致密油藏岩石应力-应变及物性参数是时间和空间的函数。空间上，在网络裂缝附近应力-应变量作用明显，且孔渗大幅降低，向油藏外边界作用减小，同一位置处天然裂缝系统的物性降低幅度均远大于基质系统；时间上，应力-应变量随生产时间逐渐减小，物性参数降低幅度随生产时间先增大，之后趋于稳定。

（4）考虑流固耦合效应时，地层压力降低缓慢，体积压裂水平井产量明显降低，其中天然裂缝和网络裂缝系统对水平井产能贡献较大，基质系统产能贡献最小，应力-应变作用对网络裂缝的导流能力影响较大。

（5）致密油藏体积压裂水平井单井衰竭开发情况下，存在最优的储层改造体积 SRV、水平井压裂段和缝网导流能力，采用经济高效的水平井大规模体积压裂"井工厂"开发模式将是今后致密油开发的趋势。

参 考 文 献

[1] 贾承造, 邹才能, 李建忠, 等. 中国致密油评价标准、主要类型、基本特征及资源前景[J]. 石油学报, 2012, 33(3): 343-350.

[2] 贾承造, 郑民, 张永峰. 中国非常规油气资源与勘探开发前景[J]. 石油勘探与开发, 2012, 39(2): 129-136.

[3] 邹才能, 朱如凯, 白斌, 等. 致密油与页岩油内涵、特征、潜力及挑战[J]. 矿物岩石地球化学通报, 2015, 34(1): 3-17.

[4] 杨华, 李士祥, 刘显阳. 鄂尔多斯盆地致密油、页岩油特征及资源潜力[J]. 石油学报, 2013, 34(1): 1-11.

[5] 杜金虎, 刘合, 马德胜, 等. 试论中国陆相致密油有效开发技术[J]. 石油勘探与开发, 2014, 41(2): 198-205.

[6] 姚泾利, 邓秀琴, 赵彦德, 等. 鄂尔多斯盆地延长组致密油特征[J]. 石油勘探与开发, 2013, 40(2): 150-158.

[7] 吴奇, 胥云, 王晓泉, 等. 非常规油藏体积改造技术——内涵、优化设计与实现[J]. 石油勘探与开发, 2012, 39(3): 352-358.

[8] 吴奇, 胥云, 张守良, 等. 非常规油气藏体积改造技术核心理论与优化设计关键[J]. 石油学报, 2014, 35(4): 706-714.

[9] 翁定为, 雷群, 胥云, 等. 缝网压裂技术及其现场应用[J]. 石油学报, 2011, 32(2): 281-284.

[10] 雷群, 胥云, 蒋廷学, 等. 用于提高低-特低渗透油气藏改造效果的缝网压裂技术[J]. 石油学报, 2009, 30(2): 237-241.

[11] 王晓东, 赵振峰, 李向平, 等. 鄂尔多斯盆地致密油层混合水压裂试验[J]. 石油钻采工艺, 2012, 34(5): 80-83.

[12] 赵继勇, 樊建明, 何永宏, 等. 超低渗-致密油藏水平井开发注采参数优化实践——以鄂尔多斯盆地长庆油田为例[J]. 石油勘探与开发, 2015, 42(1): 68-75.

[13] 苏玉亮, 栾志安, 张永高. 变形介质油藏开发特征[J]. 石油学报, 2000, 21(2): 51-55.

[14] 苏玉亮, 王文东, 盛广龙. 体积压裂水平井复合流动模型及其应用

［J］. 石油学报，2014，35（3）：504-510.

［15］任龙，苏玉亮，郝永卯，等. 基于改造模式的致密油藏体积压裂水平井动态分析［J］. 石油学报，2015，36（10）：1272-1279.

［16］任龙，苏玉亮，赵广渊. 致密油藏非达西渗流流态响应与极限井距研究［J］. 中南大学学报（自然科学版），2015，46（5）：1732-1738.

［17］王文东，赵广渊，苏玉亮. 致密油藏体积压裂技术应用［J］. 新疆石油地质，2013，34（3）：345-348.

［18］苏玉亮，任龙，赵广渊，等. 低渗透油藏考虑压裂的合理注采井距研究［J］. 西南石油大学学报（自然科学版），2015，37（6）：72-78.

［19］任龙，苏玉亮，王文东，等. 分段多簇压裂水平井渗流特征及产能分布规律［J］. 西安石油大学学报（自然科学版），2013，28（4）：55-59.

［20］任龙，苏玉亮，鲁明晶，等. 超低渗油藏分段多簇压裂水平井合理裂缝参数优化［J］. 西安石油大学学报（自然科学版），2015，30（4）：49-52.

［21］陈勉，周健，金衍，等. 随机裂缝性储层压裂特征实验研究［J］. 石油学报，2008，29（3）：431-434.

［22］时贤，程远方，蒋恕，等. 页岩储层裂缝网络延伸模型及其应用［J］. 石油学报，2014，35（6）：1130-1137.

［23］赵金洲，李勇明，王松，等. 天然裂缝影响下的复杂压裂裂缝网络模拟［J］. 天然气工业，2014，34（1）：1-6.

［24］潘林华，程礼军，张士诚，等. 页岩储层体积压裂裂缝扩展机制研究［J］. 岩土力学，2015，36（1）：205-211.

［25］姚军，殷修杏，樊冬艳，等. 低渗透油藏的压裂水平井三线性流试井模型［J］. 油气井测试，2011，20（5）：1-5.

［26］刘建军，刘先贵，胡雅礽. 低渗透储层流-固耦合渗流规律的研究［J］. 岩石力学与工程学报，2002，21（1）：88-92.

［27］周志军. 低渗透储层流固耦合渗流理论及应用研究［D］. 大庆：大庆石油学院，2003.

［28］程万，金衍，陈勉，等. 三维空间中水力裂缝穿透天然裂缝的判别准则［J］. 石油勘探与开发，2014，41（3）：336-340.

［29］张广明，刘勇，刘建东，等. 页岩储层体积压裂的地应力变化研究［J］. 力学学报，2015，47（6）：965-971.

[30] 王鸿勋, 张士诚. 水力压裂设计数值计算方法[M]. 北京: 石油工业出版社, 1998.

[31] 李勇. 特低渗透油藏水力压裂中的若干计算与裂缝扩展分析[D]. 北京: 中国石油大学, 2008.

[32] 范卓颖, 林承焰, 王天祥, 等. 致密地层岩石脆性指数的测井优化建模[J]. 石油学报, 2015, 36(11): 1411-1420.

[33] 曾顺鹏, 张国强, 韩家新, 等. 多裂缝应力阴影效应模型及水平井分段压裂优化设计[J]. 天然气工业, 2015, 35(3): 55-59.

[34] 潘林华, 张士诚, 程礼军, 等. 水平井"多段分簇"压裂簇间干扰的数值模拟[J]. 天然气工业, 2014, 34(1): 74-79.

[35] 李龙龙, 姚军, 李阳, 等. 分段多簇压裂水平井产能计算及其分布规律[J]. 石油勘探与开发, 2014, 41(4): 457-461.

[36] 董平川, 雷刚, 计秉玉, 等. 考虑变形影响的致密砂岩油藏非线性渗流特征[J]. 岩石力学与工程学报, 2013, 32(增2): 3187-3196.

[37] 李传亮. 岩石压缩系数与孔隙度的关系[J]. 中国海上油气(地质), 2003, 17(5): 355-358.

[38] 吴奇, 胥云, 王腾飞, 等. 增产改造理念的重大变革: 体积改造技术概论[J]. 天然气工业, 2011, 31(4): 7-12.

[39] 董平川, 徐小荷. 储层流固耦合的数学模型及其有限元方程[J]. 石油学报, 1998, 19(1): 64-70.

[40] 赵益忠. 疏松砂岩油藏脱砂压裂产能流固耦合数值模拟[D]. 北京: 中国石油大学, 2008.

[41] 刘建军, 冯夏庭. 我国油藏渗流-温度-应力耦合的研究进展[J]. 岩土力学, 2003, 24(S2): 646-650.

[42] 周志军, 李菁, 刘永建, 等. 低渗透油藏渗流场与应力场耦合规律研究[J]. 石油与天然气地质, 2008, 29(3): 391-396.

[43] 赵延林, 曹平, 赵阳升. 双重介质温度场-渗流场-应力场耦合模型及三维数值研究[J]. 岩石力学与工程学报, 2007, 26(增2): 4024-4031.

[44] 冉启全, 李士伦. 流固耦合油藏数值模拟中物性参数动态模型研究[J]. 石油勘探与开发, 1997, 24(3): 61-65.

[45] Maxwell S C, Urbancict I, Steinsberger N, et al. Microseismic imaging of

hydraulic fracture complexity in the barnett shale[C]. SPE 77440, 2002.

[46] Fisher M K, Heinze J R, Harris C D, et al. Optimizing Horizontal Completion Techniques in the Barnett Shale Using Microseismic Fracture Mapping[C]. SPE 90051, 2004.

[47] Mayerhofer M J, Lolon E P, Wappinski N R, et al. What is Stimulated Reservoir Volume(SRV)? [C]. SPE 119890, 2008.

[48] Fisher M K, Wright C A, Davidson B M, et al. Integrating Fracture Mapping Technologies to Improve Stimulations in the Barnett Shale[J]. SPE Production & Facilities, 2005, 20(02): 85-93.

[49] Warpinski N R, Teufel L W. Influence of geologic discontinuities on hydraulic fracture propagation[J]. JPT, 1987.

[50] Olson J E, Bahorich B, Hoder J. Examing hydraulic fracture-natural fracture interaction in hydrostone block experiments[C]. SPE 152618, 2012.

[51] Olson J E. Predicting fracture swarms - the influence of subcritical crack growth and the crack-tip process zone on joint spacing in rock[J]. Geological Society London Special Publications, 2004, 231(1): 73-88.

[52] Dahi-Taleghani A, Olson J E. Numerical modeling of multi-stranded hydraulic fracture propagation: accounting for the interaction between induced and natural fractures[C]. SPE 124884, 2009.

[53] Kresse O, Weng X, Gu H, et al. Numerical modeling of hydraulic fractures interaction in complex naturally fractured formations[J]. Rock mechanics and rock engineering, 2013, 46(3), 555-558.

[54] Nagel N, Sheibani F, Lee B, et al. Fully-Coupled Numerical Evaluations of Multiwell Completion Schemes: The Critical Role of In-Situ Pressure Changes and Well Configuration[C]. SPE 168571, 2014.

[55] Ozkan E, Brown M, Raghavan R, et al. Comparison of fractured horizontal-well performance in conventional and unconventional reservoirs[C]. SPE 121290, 2009.

[56] Brown M, Ozkan E, Raghavan R, et al. Practical solutions for pressure transient responses of fractured horizontal wells in unconventional reservoirs [C]. SPE 125043, 2009.

[57] Meyer B R, Bazan L W, Jacot R H, et al. Optimization of multiple trans-

verse hydraulic fractures in horizontal wellbores[C]. SPE 131732, 2010.

[58] Stalgorova E, Mattar L. Analytical model for unconventional multifractured composite systems[J]. SPE Reservoir Evaluation & Engineering, 2013, 3 (16): 246-256.

[59] Cipolla C L, Lolon E P, Erdle J C, et al. Reservoir modeling in shale-gas reservoirs[J]. SPE Reservoir Evaluation & Engineering, 2010, 13(4): 638-653.

[60] Warren J E, Root P J. The behavior of naturally fractured reservoirs[C]. SPE 426, 1963.

[61] Schepers K C, Gonzalez R J, Koperna G J, et al. Reservoir modeling in support of shale gas exploration[C]. SPE 123057, 2009.

[62] Terzaghi K. Theoretical soil mechanics[M]. New York: Wiley, 1943.

[63] Biot M A. General theory of three-Dimensional consolidation[J]. Journal of Applied Physics, 1941, 12: 155-164.

[64] Wolfuanu A W, Steffen U, Ekkehard R. A strong coupling partitioned approach for fluid-structure interaction with free surfaces[J]. Computers & Fluids, 2007, 36: 169-183.

[65] Degroote J, Bathe K J, Vierendeels J. Performance of a new partitioned procedure versus a monolithic procedure in fluid-structure interaction[J]. Computers & Structures, 2009, 87(s11-12): 793-801.

[66] Erdogan F, Sih G C. On crack extension in plates under plane loading and transverse shear[J]. Trans. ASME., Journal of Basic Engineering, 1963, 85: 519-527.

[67] Sih G C, Barthelemy B M. Mixed Mode Fatigue Crack Growth Predictions [J]. Engineering Fracture Mechanics, 1980, 13: 439-451.

[68] Nagel N B, Zhang F, Sanchez-Nagel M, et al. Stress Shadow Evaluations for Completion Design in Unconventional Plays[C]. SPE 167128, 2013.

[69] Nagel N B, Sanchez-Nagel M, Zhang F, et al. Coupled Numerical Evaluations of the Geomechanical Interactions Between a Hydraulic Fracture Stimulation and a Natural Fracture System in Shale Formations[J]. Rock Mechanics & Rock Engineering, 2013, 46(3): 581-609.

[70] Bollinger L, Avouac J P, Cattin R, et al. Stress buildup in the Himalaya

[J]. Journal of Geophysical Research Solid Earth, 2004, 109 (B11): 179-204.

[71] Harris R A, Simpson R W. Suppression of large earthquakes by stress shadows: A comparison of Coulomb and rate-and-state failure[J]. Journal of Geophysical Research Atmospheres, 1998, 1032(B10): 24439-24452.

[72] Crouch S L, Starfield A M. Boundary element methods in solid mechanics [M]. 1st ed. London: George Allen &Unwin, 1983.

[73] Su Y L, Ren L, Meng F K, et al. Theoretical Analysis of the Mechanism of Fracture Network Propagation with Stimulated Reservoir Volume (SRV) Fracturing in Tight Oil Reservoirs [J]. PLoS ONE, 2015, 10 (5): e0125319.

[74] Su Y L, Zhang Q, Wang W D, et al. Performance analysis of a composite dual-porosity model in multi-scale fractured shale reservoir[J]. Journal of Natural Gas Science and Engineering, 2015, 26: 1107-1118.

[75] Su Y L, Sheng G L, Wang W D, et al. A mixed-fractal flow model for stimulated fractured vertical wells in tight oil reservoirs [J]. Fractals, 2016, 24(1): 1650006.

[76] Wang W D, Shahvali M, Su Y L. Analytical Solutions for a Quad-Linear Flow Model Derived for Multistage Fractured Horizontal Wells in Tight Oil Reservoirs [J]. Journal of Energy Resources Technology, 2017, 139 (1): 012905.

[77] Ren L, Su Y L, Zhan S Y, et al. Modeling and simulation of complex fracture network propagation with SRV fracturing in unconventional shale reservoirs[J]. Journal of Natural Gas Science and Engineering, 2016, 28: 132-141.

[78] Ren L, Wang W D, Su Y L, et al. Multiporosity and Multiscale Flow Characteristics of a Stimulated Reservoir Volume (SRV)-Fractured Horizontal Well in a Tight Oil Reservoir[J]. Energies, 2018, 11(10): 2724.

[79] Ren L, Sun J, Meng F K, Su Y L. Multi-fractures Drainage Response in Production of Fractured Horizontal Wells in Tight Sandstone Oil Reservoirs [J]. Arabian Journal for Science and Engineering, 2018, 43 (11): 6391-6397.

[80] Wu K and Olson J E. Simultaneous multifracture treatments: Fully coupled fluid flow and fracture mechanics for horizontal wells[J]. SPE Journal, 2015, 20(2): 337-346.

[81] Zhang S C, Lei X, Zhou Y S, et al. Numerical simulation of hydraulic fracture propagation in tight oil reservoirs by volumetric fracturing[J]. Petroleum Science, 2015, 12(4): 674-682.

[82] Cipolla C L, Warpinski N R, Mayerhofer M J, et al. The relationship between fracture complexity, reservoir properties, and fracture-treatment design[C]. SPE 115769, 2010.

[83] Zerzar A, Bettam Y. Interpretation of Multiple Hydraulically Fractured Horizontal Wells in Closed Systems[C]. SPE 84888, 2003.

[84] Du J, Wong R C K. Numerical modeling of geomechanical response of sandy-shale formation in oil sands reservoir during steam injection[J]. Journal of Canadian Petroleum Technology, 2010, 49(1): 23-28.

[85] Chen M, Bai M. Modeling stress-dependent permeability for anisotropic fractured porous rocks[J]. International Journal of Rock Mechanics & Mining Sciences, 1998, 35(8): 1113-1119.

[86] Willis-Richards J, Watanabe K, Takahashi H. Progress toward a stochastic rock mechanics model of engineered geothermal systems[J]. Journal of Geophysical Research, 1996, 101(B8): 17481-17496.